教育部高等学校电子信息类专业教学指导委员会规划教材

高等学校电子信息类专业系列教材

Design and Simulation of Electronic Circuit
Based on OrCAD 16.6

电子电路设计与仿真

基于OrCAD 16.6

刘明山　　周原　主编
Liu Mingshan　　Zhou Yuan

U0228385

清华大学出版社

北京

内 容 简 介

OrCAD 是国际上著名的、使用最广的、被确定为工业标准工具的电子设计自动化(EDA)软件。

本书首先介绍电路 CAD 所必需的基础知识,其次以 OrCAD 16.6 版本为主,着重介绍 OrCAD 软件的使用方法,其中包括:仿真的图形输入模块 Capture 的使用;经典 PSpice 的使用;高级 PSpice-AA 的使用。本书以具体电路为前导,逐步介绍 OrCAD 的具体使用方法,便于读者学习、使用软件。

电类、非电类工科大专院校的学生和电子工程师,只要具备电工学的基本知识,通过本书的学习,都能掌握 OrCAD 的操作方法,使之成为读者从事教学、生产和科研的得力助手。

图书在版编目(CIP)数据

电子电路设计与仿真:基于 OrCAD 16.6/刘明山,周原主编. —北京:清华大学出版社,2016(2021.1重印)
高等学校电子信息类专业系列教材
ISBN 978-7-302-41657-9

Ⅰ. ①电… Ⅱ. ①刘… ②周… Ⅲ. ①电子电路—计算机辅助设计—应用软件—高等学校—教材
Ⅳ. ①TN702

中国版本图书馆 CIP 数据核字(2015)第 224435 号

责任编辑:梁　颖
封面设计:李召霞
责任校对:梁　毅
责任印制:吴佳雯

出版发行:清华大学出版社
　　网　　　址:http://www.tup.com.cn,http://www.wqbook.com
　　地　　　址:北京清华大学学研大厦 A 座　　　　　　邮　　编:100084
　　社 总 机:010-62770175　　　　　　　　　　　　　邮　　购:010-62786544
　　投稿与读者服务:010-62776969,c-service@tup.tsinghua.edu.cn
　　质量反馈:010-62772015,zhiliang@tup.tsinghua.edu.cn
　　课件下载:http://www.tup.com.cn,010-62795954
印 装 者:大厂回族自治县彩虹印刷有限公司
经　　销:全国新华书店
开　　本:185mm×260mm　　　印　　张:16.75　　　　字　　数:417 千字
版　　次:2016 年 1 月第 1 版　　　　　　　　　　　印　　次:2021 年 1 月第 6 次印刷
定　　价:49.00 元

产品编号:065571-02

高等学校电子信息类专业系列教材

序
FOREWORD

我国电子信息产业销售收入总规模在 2013 年已经突破 12 万亿元,行业收入占工业总体比重已经超过 9%。电子信息产业在工业经济中的支撑作用凸显,更加促进了信息化和工业化的高层次深度融合。随着移动互联网、云计算、物联网、大数据和石墨烯等新兴产业的爆发式增长,电子信息产业的发展呈现了新的特点,电子信息产业的人才培养面临着新的挑战。

(1)随着控制、通信、人机交互和网络互联等新兴电子信息技术的不断发展,传统工业设备融合了大量最新的电子信息技术,它们一起构成了庞大而复杂的系统,派生出大量新兴的电子信息技术应用需求。这些"系统级"的应用需求,迫切要求具有系统级设计能力的电子信息技术人才。

(2)电子信息系统设备的功能越来越复杂,系统的集成度越来越高。因此,要求未来的设计者应该具备更扎实的理论基础知识和更宽广的专业视野。未来电子信息系统的设计越来越要求软件和硬件的协同规划、协同设计和协同调试。

(3)新兴电子信息技术的发展依赖于半导体产业的不断推动,半导体厂商为设计者提供了越来越丰富的生态资源,系统集成厂商的全方位配合又加速了这种生态资源的进一步完善。半导体厂商和系统集成厂商所建立的这种生态系统,为未来的设计者提供了更加便捷却又必须依赖的设计资源。

教育部 2012 年颁布了新版《高等学校本科专业目录》,将电子信息类专业进行了整合,为各高校建立系统化的人才培养体系,培养具有扎实理论基础和宽广专业技能的、兼顾"基础"和"系统"的高层次电子信息人才给出了指引。

传统的电子信息学科专业课程体系呈现"自底向上"的特点,这种课程体系偏重对底层元器件的分析与设计,较少涉及系统级的集成与设计。近年来,国内很多高校对电子信息类专业课程体系进行了大力度的改革,这些改革顺应时代潮流,从系统集成的角度,更加科学合理地构建了课程体系。

为了进一步提高普通高校电子信息类专业教育与教学质量,贯彻落实《国家中长期教育改革和发展规划纲要(2010—2020 年)》和《教育部关于全面提高高等教育质量若干意见》(教高【2012】4 号)的精神,教育部高等学校电子信息类专业教学指导委员会开展了"高等学校电子信息类专业课程体系"的立项研究工作,并于 2014 年 5 月启动了《高等学校电子信息类专业系列教材》(教育部高等学校电子信息类专业教学指导委员会规划教材)的建设工作。其目的是为推进高等教育内涵式发展,提高教学水平,满足高等学校对电子信息类专业人才培养、教学改革与课程改革的需要。

本系列教材定位于高等学校电子信息类专业的专业课程,适用于电子信息类的电子信息工程、电子科学与技术、通信工程、微电子科学与工程、光电信息科学与工程、信息工程及其相近专业。经过编审委员会与众多高校多次沟通,初步拟定分批次(2014—2017年)建设约100门课程教材。本系列教材将力求在保证基础的前提下,突出技术的先进性和科学的前沿性,体现创新教学和工程实践教学;将重视系统集成思想在教学中的体现,鼓励推陈出新,采用"自顶向下"的方法编写教材;将注重反映优秀的教学改革成果,推广优秀的教学经验与理念。

为了保证本系列教材的科学性、系统性及编写质量,本系列教材设立顾问委员会及编审委员会。顾问委员会由教指委高级顾问、特约高级顾问和国家级教学名师担任,编审委员会由教育部高等学校电子信息类专业教学指导委员会委员和一线教学名师组成。同时,清华大学出版社为本系列教材配置优秀的编辑团队,力求高水准出版。本系列教材的建设,不仅有众多高校教师参与,也有大量知名的电子信息类企业支持。在此,谨向参与本系列教材策划、组织、编写与出版的广大教师、企业代表及出版人员致以诚挚的感谢,并殷切希望本系列教材在我国高等学校电子信息类专业人才培养与课程体系建设中发挥切实的作用。

 教授

前 言
PREFACE

随着计算机技术的飞速发展和大规模集成电路的广泛应用,电子产品不断地更新换代,电子电路计算机辅助设计(CAD,Computer Aided Design)技术,以及在其基础上发展起来的电子设计自动化(EDA,Electronic Design Automation)已成为电子领域的重要学科,并逐渐成为一个新兴的产业部门。电子设计自动化(EDA)软件版本更新速度加快,如 PSpice 于1983 年 7 月推出 PSpice 1.01 版本,至 2004 年 11 月就推出了 PSpice 10.3 版本,平均每两年做一次较大的更新。其间原生产厂家 MicroSim 公司合并到 OrCAD 公司。随后,OrCAD 公司又被 Cadence 公司收购,并推出 Cadence 公司家族系列产品 OrCAD。

Cadence OrCAD 新版软件 16.6 依然分为三大部分:内置元器件信息系统的原理图输入器(Capture CIS);模拟和混合信号仿真(PSpice);印刷电路板设计(Layout Plus)。每一部分都有新特色及新加强的功能。其中 PSpice 中的高级分析工具 PSpice - Advanced Analysis(PSpice AA,简称 PSpice 高级分析)包含 5 个特色工具:灵敏度(Sensitivity)分析、参数优化(Optimizer)分析、蒙特卡洛(Monte Carlo)分析、热电应力(Smoke)分析、参数测绘仪(Parametric Plotter)分析。

OrCAD PSpice 和 PSpice AA 的分析技术提供一个完整的电路仿真和验证的解决方案。无论是设计简单的电路,还是设计复杂的系统,或验证器件的可靠性,在制版之前OrCAD PSpice 软件提供最好的、高性能电路仿真以便分析和完善设计的电路、调整电路器件、优化参数。OrCAD 工具已经完全开放架构平台。这意味着用户可以在应用程序中添加独特的功能,也可以构建自己的设计流程。

这些特色工具原是针对模拟的工作平台 UNIX 环境,现在也可以用在 Windows 的工作平台,从而给用户一个非常好的分析与制作的接口设计条件。此外,还增加模拟组件 Model到 PSpice 里来增强模拟分析。用户可在 PSpice A/D 分析(简称标准 PSpice 分析)的基础上,再用 PSpiceAA 的 5 个特色工具进行分析、设计,这样,可以最大限度地提高设计电路的性能、电路的可生产性以及产品的可靠性。

为满足读者使用新版本的需要,特编写本书。书中介绍 OrCAD 时侧重介绍 PSpice。本书以具体电路为前导,逐步介绍电路 CAD 的一些理论知识和 OrCAD 的具体使用方法。为便于读者学习,书中采用的符号与软件中的符号完全一致,即采用的是国际标准的电子器件符号,请读者注意其与国标符号的区别。OrCAD 16.6 精简版(演示版)软件可在 Cadence官网免费下载,并可满足大学本科生的入门教学需要。

本书分为两大部分:

第一部分:OrCAD 简明教程,第 2～14 章。介绍 OrCAD 的原理图输入器(Capture CIS)、模数混合仿真(PSpice A/D)、PSpice 高级分析特色工具(PSpice AA)等部分的功能、特点及菜单命令的操作使用；

第二部分：OrCAD 应用实例，第 15～18 章。对软件中的典型应用作了详尽的介绍，为从实例中学习 OrCAD 创造条件。

本书由刘明山、周原主编，刘明山、周原、吴薇完成本书的具体编写工作，由于编者水平有限，书中难免还存在一些缺点和错误，殷切希望广大读者批评指正。作者联系电子信箱：liums@jlu.edu.cn。

编者

2015 年 9 月

目 录
CONTENTS

第 1 章

概　　述

Cadence OrCAD 软件是一款历史悠久、性能优越的电子设计 EDA 软件,本章从软件的发展、功能、特点等几个方面对软件加以介绍,使读者对该软件有一个全面、系统的了解,从而减少使用程序的盲目性并开阔视野。

1.1　Cadence OrCAD 软件的发展

1.1.1　Spice 程序简介

1. Spice 程序

在大规模电路计算机辅助设计(CAD)领域中,发展得最早、最成熟和使用得最广泛的是计算机辅助分析(CAA)。而在这方面最具代表性的电路分析程序是 Spice(Simulation Program for Integrated Circuit Emphasis)。Spice 是一个多功能的电路模拟实验台,已在1988 年被美国定为工业标准工具。

2. Spice 程序设计准则

作为一个良好的电子电路模拟程序,应该具有哪些条件? 这可从 Spice 程序设计的准则中找到答案。Spice 程序设计的准则是:使程序易用、有效、简洁和通用。

3. 元器件的模型

Spice 程序通常包括 5 部分:电路输入、建立方程、电路分析、结果输出和控制程序。电路分析子程序是完成电路数学化后的数值解法,是模拟程序的重要组成部分。电路数学化(电路输入和建立方程)主要是元器件的模型化,即实际的元器件由反映元器件的本质特性的理想元器件组成的等效电路来表示,可以说没有模型化就没有电路分析。

简单的元器件,如电阻、电容和电感等,只需要一个或几个参数就可以描述其电学性能。而各种半导体器件的模型,则要求很多的参数值才能予以精确的描述。

4. 算法的选择

有了元器件模型参数和其相关联的拓扑约束关系,即输入文件给出的元器件连接节点,就可以列出方程、并进行求解。所以,分析子程序需要 4 个基本计算算法:列出方程(方法)、线性方程组解法、非线性方程组解法和数值积分法;这 4 种算法是整个程序的核心。经过多年的实践,这 4 种算法为:列写电路方程采用改进节点法、求解线性方程组采用 LU 分解法、非线性方程组的解法采用牛顿-拉夫逊算法、数值积分法采用步长可控的梯形法。

1.1.2　OrCAD PSpice 软件概述

Spice 是美国加利福尼亚州大学伯克利(Berkeley)分校研制的。从 1972 年第一版问世以来,由于它采取完全开放的政策,所以到如今已有多个版本在世界各地使用。Spice 本身也在广泛的应用中不断地修改、充实和完善。

随着 PC 的广泛应用,Spice 的微机版本 PSpice 发展很快。PSpice 是由美国 MicroSim 公司出版发行的软件。1983 年 7 月推出的 DOS 下的 PSpice 1.01 版本,1998 年 1 月 MicroSim 公司与 OrCAD 公司合并成为 OrCAD Enterprise,1999 年 9 月推出 OrCAD 9.0 版本,其中 PSpice A/D 9.0 中增加了优化设计。2000 年 3 月 OrCAD 公司又与 Cadence 公司合并,软件名称改为 Cadence OrCAD。OrCAD 软件成为很有实力的大型软件包之一。它是世界上使用最广的 EDA 软件,每天都有上百万的电子工程师在使用它。

Cadence OrCAD 采用新产品套装分割设计策略,实现了人工智能布线,加强了技术经济管理内容,画面上多了工作点的 V、I 和 W 图标,绘图准确、美观清晰、功能强、操作简便,给企业带来了巨大经济效益。因此,在国际上受到越来越多用户的欢迎。Cadence OrCAD 中包含 OrCAD Capture CIS(器件信息管理系统)、PSpice A/D (模/数分析)、PSpice Advanced Analysis(AA)(高级分析)、PCB(印刷线路板)设计等部分内容。本书基于最新的 OrCAD 16.6 版本,以前三部分为主介绍 OrCAD 软件的功能和使用该软件设计电子电路的技术。

1.2　Cadence OrCAD 软件的功能

1.2.1　OrCAD Capture CIS 的功能

由于 OrCAD Capture CIS(Component Information System)能够提供直观界面和具有丰富的特点,从而使其成为原理图设计输入的工业标准。OrCAD Capture CIS 是内置的元器件高级文档管理系统,不仅提供 Capture 的完整功能,更是提供了一个完美的元器件数据库管理接口,它可以通过 Microsoft Windows 的 ODBC 接口去连接不同数据库,整合元器件数据库的所有信息。使用这个功能可以全面地设计输入工具和管理环境,可以减少查找和手工输入元器件资料的时间及人为的错误。

(1) Capture CIS 为 Cadence Studio 系统的总体输入器。利用 Capture 来连接 OrCAD Layout、Allegro PCB Layout 或其他 Layout 的软件,来完成 PCB 设计;也整合了 PSpice 与 VHDL (NC Verilog)的环境,提供给用户做模拟与数字电路的前端设计平台。另外也可以配合 SpecctraQuest 来解决高频问题。

(2) 导出 30 种平板和分层格式(电路),可用于电路图、PSpice、PCB 和可编程器件设计,其中导出的 PCB Layout 软件的网络表格式包含 OrCAD Layout、Allegro、Pads P2K、Mentor Graphics 等。

(3) Capture CIS 可以在 ODBC 支持的环境中工作,如 MRP、ERP、PDM 等系统或是 Microsoft Access or SQL Server 等数据库。Capture CIS 支持小型的设计群组和更方便扩充的设置,例如 Microsoft 产品(Access),如果在同一个区域的团体需要更高级的客户端 Server 数据库管理系统技术,可以选择更复杂的数据库(SQL);通过 Capture CIS,可以从

本地元器件数据库或者远程元器件数据服务器中调用元器件。

（4）支持远程的元器件搜索及下载功能。在 CIS Explorer 浏览器内置的 Internet Component Assistant（ICA）窗口的 ActiveParts 页面中，免费查找或下载 120 万个元器件到 Capture CIS 中，更弹性地结合所选择的数据库，搜索和选择元器件，直接拖拉元器件并放置到原理图页中，而不用退出 Capture CIS。ActiveParts.com 包含了"激活"元器件功能，和一百万个商用和军用标准元器件、制造商、PCB 图形封装、价格和供货日期等信息。

（5）可以建立完整的组件数据，减少以后出错的风险，提供多重的 PLD 设计组件与方式，包含 Xilinx、Altera、Actel、Lattice、Lucent 与 Atmel 六种 Vendor 的组件。能更集中管理数据库的组件，避免多余的组件数据存在。

（6）更自动地输入组件所需要的数据，让电路图产生更多有效的数据，更容易及快速地获得组件数据，生成具有报价水平的元器件清单 Netlist、接口等 40 多种文件，支持所有的公用程序，包括 VHDL、Spice、EPIF、PADS 和 PCAD/Protel/Tango 等。能自动打开或转换 SDT Release/V、PSpice 和 EDIF200、PDIF 的设计。

1.2.2 PSpice A/D 分析的功能

PSpice A/D（模/数）分析电路在当代产品开发中占有重要的地位。产品设计开始是根据设计要求画出合理的电路原理图，然后利用 PSpice 对电路进行仿真，检验电路是否达到设计要求，与此同时优化参数。待仿真成功后，才能设计印制板电路图（可利用 Cadence OrCAD 自动完成），宣告产品设计完成。

PSpice A/D 分析包括 4 项基本分析功能：静态工作点分析、直流分析、瞬态分析（时域分析）、交流分析（频域分析）。在这 4 项分析基础上又可进行温度分析、参数分析、蒙特卡洛分析和最坏情况分析等。

1.2.3 电路的高级分析功能

电路的高级分析包括灵敏度分析、电路的优化设计、蒙特卡洛分析、电应力分析等。其中的灵敏度分析、蒙特卡洛分析与 PSpice A/D 中的不同，具有更强大的分析功能。

1. 灵敏度分析

（1）灵敏度分析的重要性

在电路设计中，灵敏度之所以成为一个重要因素，其原因有二：一是在大批生产电路时，元器件值对输出变量如 V_0 的灵敏度特性在确定产品的合格率方面起着关键性作用，所以先优化设计它，由此可见灵敏度分析是参数优化设计的前提和基础；二是对具有高灵敏度的电路，需要许多价格昂贵的高精度的元器件才能正常工作，而对许多低灵敏度的电路，采用元器件值相对于标称值有较大的偏差的元器件也能正常工作，当然采用价格低廉的元器件，所以说灵敏度分析又是容差分析的基础。

（2）灵敏度的定义

电路网络函数（输出变量）T 相对于某一参数 X 的变化率定义为灵敏度，用符号 S_X^T 来表示灵敏度

$$S_X^T \overset{\text{def}}{=\!=} \frac{\partial T}{\partial X} \tag{1-1}$$

式中，T 为电路网络函数，如输出阻抗、传输函数和输出电压（或电流）等；X 为元器件值或影响元器件值的某些物理参数，如温度等。这样定义的灵敏度也称绝对灵敏度。常用的是相对灵敏度又称归一化灵敏度：

$$S_X^T \overset{\text{def}}{=} \frac{\partial T}{\partial X} \frac{X}{T} = \frac{\partial T}{T} \Big/ \frac{\partial X}{X} = \frac{\partial (\ln T)}{\partial (\ln X)} \qquad (1\text{-}2)$$

由公式（1-2）定义的元器件参数单位（UNIT）增量灵敏度，是在数值上等于变量每增加基本单位值对输出变量的影响。电阻基本单位为 1Ω、电容基本单位为 1F（实际上常用的是 10^{-6}F）、电感基本单位为 1H（实际上常用的是 10^{-3}H）。想要都变化 1 基本单位值来比较，就掩盖了电容、电感变化的影响。故常用公式（1-3）

$$S_X^T \overset{\text{def}}{=} \frac{\partial T}{\partial X} \frac{X}{100} \qquad (1\text{-}3)$$

定义的元器件参数百分之一（变化 1%）增量（PERCENT）灵敏度，PSpice_AA 程序多使用这种灵敏度。

（3）最坏情况分析

最坏情况（Worst Case）是指电路中的元器件参数在其容差域边界点上取某种组合时所引起的电路性能的最大偏差。最坏情况分析（Worst Case Analysis，WCASE），就是在给定电路元器件参数容差的情况下，估算出电路性能相对标称值时的最大偏差。如存在最大偏差时都能满足设计要求，那当然是最佳方案。

WCASE 分析是一种统计分析，变量一个一个地变化，即每进行一次电路分析，只有一个元器件的一个参数发生变化。这样，可以得出电路的灵敏度特性。

2. 电路的优化设计

电路仿真是非常重要的，它辅助工程师设计了各种电路。但与期望的电子设计自动化（EDA）的优化设计目标还有很大距离。人们是从两方面解决这个问题，一是基于数学的最优化算法；二是基于知识信息系统。PSpice/Optimizer 是基于前者。

（1）优化变量

优化问题离不开设计变量、目标函数和约束条件等三个方面的问题。首当其冲的就是如何选择设计变量。设计变量就是在优化设计中出现的各个可以选择取值的变动参数。

PSpice/Optimizer 设计变量包含：

- 元器件参数值。如电阻的阻值 R、电容的参数值 C、晶体管元器件模型参数（如放大倍数 β 等）。
- 元器件其他性质。比如，滑动变阻器在电路中滑头位置。可用 Set 指令，并设定一个在 0～1 之间值来表示这个性质的设计变量。
- 用特殊表达式代表的器件的值或其他性质。比如，exp()，log()，sin()，max()，db(v(load)/v(in))、bandwidth(V(load),3)，即电路特性函数。PSpice 提供有 53 个电路特性函数。

（2）目标函数

目标函数是待优化的目标。目标函数是评价电路优化设计好坏的标准。它是 n 个设计变量的一个实函数，也就是一个向量 $\boldsymbol{X}$ 的函数，写成

$$F(\boldsymbol{X}) = F(x_1 \quad x_2 \quad \cdots \quad x_n) \quad \boldsymbol{X} \in \boldsymbol{D} \subset \boldsymbol{R}^n \tag{1-4}$$

最优化算法的数学表达式为

$$\begin{cases} \min F(\boldsymbol{X}) & \boldsymbol{X} \in \boldsymbol{D} \subset \boldsymbol{R}^n \\ g_i(\boldsymbol{X}) \geqslant 0 & i = 1, 2, \cdots, l \\ h_j(\boldsymbol{X}) = 0 & j = 1, 2, \cdots, k \end{cases} \tag{1-5}$$

式中,$g_i(\boldsymbol{X}) \geqslant 0$ 和 $h_j(\boldsymbol{X}) = 0$ 称为约束条件。$g_i(\boldsymbol{X}) \geqslant 0$ 是不等式约束;$h_j(\boldsymbol{X}) = 0$ 是等式约束。通过它们对目标函数进行某些限制。如集成电路内部对电阻元器件参数限制在 $10\Omega \sim 50\mathrm{k}\Omega$ 之间等,这些约束条件可以是显式的也可以是隐式的。

由此可见,所谓电路的优化设计,从数学角度上看,就是在一定的约束条件下,求目标函数的极值问题。

3. 蒙特卡洛分析

前面关于电路参数灵敏度的计算,反映了电路参数的改变对电路特性影响的大小,这对设计人员来说无疑是重要的。然而很多情况下,并不能确切知道各个参数的实际改变量,而只是知道各个参数的随机分布规律或者是变化范围。在这种情况下,怎样来分析电路特性的随机分布规律或者它的相应变化范围,这就是容差分析所要讨论的问题。由于这种不确定性,容差分析一般用概率统计分析,而且多用蒙特卡洛法。

在计算机上进行蒙特卡洛分析时关键在于用计算机产生随机数。然后用一组一组的随机数对各元器件取值。元器件的分布规律有:均匀分布(FLAT)、正态分布或称高斯(GAUSS)分布、双峰分布(BSIMG)、斜峰分布(SKEW)、自定义分布等。

4. 电应力分析

电子电路在工作过程中,常因某个(些)元器件承受的热电应力超出其安全工作条件,因此降低了可靠性,严重地导致冒烟烧毁。据此,"冒烟报警"提高电路工作的可靠性,对一些安全性要求较高的电路(网络)采用降额设计已纳入电子工程师视野。Smoke 分析是用在瞬态分析下,仿真、计算、检测各组件参数特性在其工作时所承受的功耗、结温的升高、二次击穿、电流或电压是否在安全的工作范围内,并可清晰地对比出哪个参数特性违反限制,并及时发出预警。

1.3 Cadence OrCAD Capture CIS

1.3.1 Cadence OrCAD Capture CIS 结构关系

OrCAD Capture CIS 为 OrCAD Capture 的附加模块,这也是针对不同用户的需要,Cadence 公司提供 OrCAD Capture 和 OrCAD Capture CIS 两个层次的电路原理图绘制软件。两者的主要区别在于 OrCAD Capture 软件中不包括 CIS 模块。Cadence OrCAD Capture CIS 结构关系图如图 1-1 所示。与 CIS 模块相连接的属性对象主要有三大类:

(1) 本地元器件库(Local Preferred Parts Database)。其中包括了相关元器件的信息,并通过链接方式与其他数据库相连。本地数据库一般为 Access 数据库文件或 SQL 数据库文件,此数据库中只包括元器件的参数信息和路径指针,并不包括元器件的符号图形信息,这与软件自带的元器件符号库(*.olb)和 PSpice 模型库(*.lib)是完全不同的数据库类型。当本地数据库需要这些图形信息时,是通过指定路径链接的方式来获得相应的库文件信息。

（2）新生元器件数据信息库（Activeparts Database）。Capture CIS 通过 ICA（Internet Component Assistant）来获取元器件数据库（Activeparts Database）的数据信息。Activeparts Database 与互联网上的 OrCAD 元器件符号库、封装库、元器件供应商的价格信息息及数据文件分析保持良好的链接关系。

（3）生成输出报告。通过 Capture CIS 生成的报告,可以存为多种文件格式,方便设计信息的更新和交换,也可以直接发送到企业的数据库。

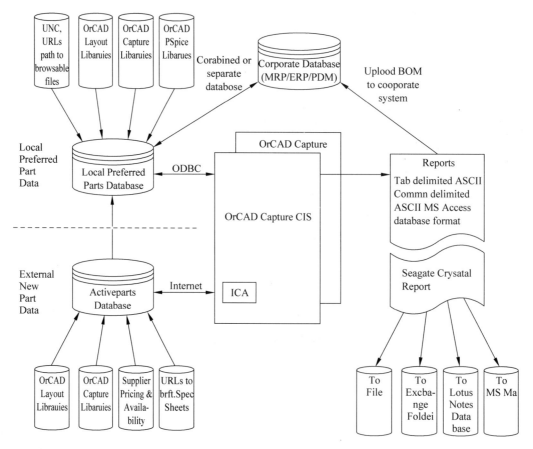

图 1-1　Cadence OrCAD Capture CIS 结构关系图

1.3.2　元器件信息库（Parts Database）

利用 CIS Explorer 可以搜索并更新元器件信息。可以通过电路原理图编辑窗口下的 Place \Place Database Part 菜单命令和 Edit\ Link Database Part 菜单命令,启动 CIS Explorer。其中包含两个标签页窗口:“Local part database（本地元器件数据库）”窗口和“ICA：Internet Component Assistant(Internet 元器件助手)”窗口。

此外,还可以利用 ICA 窗口在互联网上查找元器件厂家所提供的元器件数据。尽管 OrCAD Capture 提供相当多的元器件,但再多的元器件也不可能满足设计者的需求。尤其是在日新月异的今天,每时每刻都有新的元器件产生,所以查找符合设计要求的新元器件模型是不可避免的工作。ICA 窗口解决了在实际电路设计过程中查找,匹配实际电路元器件型号的问题。同时也是 OrCAD 软件自带 Capture Library 库文件的有力扩充和更新,这对实际设计是相当重要,其标签页窗口如图 1-2 所示。

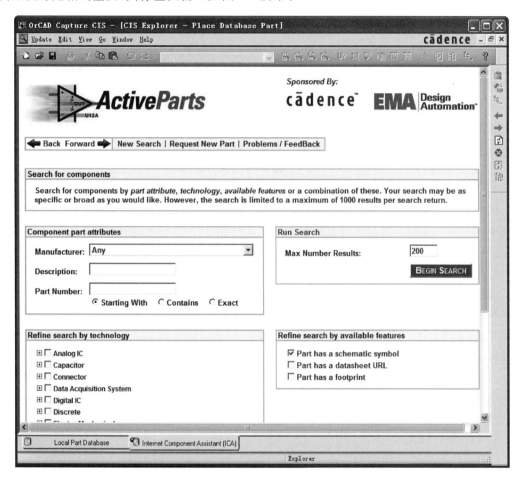

图 1-2 ICA 窗口

　　该网站上汇集了世界著名电子厂商提供的约 120 万种电子元器件数据信息,并且在不断地更新和扩充。用户可以直接查询某个符合设计标准的元器件数据信息,将选中的元器件直接添加到 OrCAD Capture CIS 本地元器件数据库,并直接应用到电路原理图的设计中。

　　说明:直接由浏览器访问 Activeparts 网站与 OrCAD Capture CIS 内置 ICA 的访问网站的区别在于,浏览器进行的访问及查询结果不能直接与 OrCAD Capture CIS 的设计环境无缝结合,不能直接应用到当前的原理图设计中。

　　可将搜索到的元器件添加到本地元器件数据库中作为临时元器件,同时应用于电路原理图绘制窗口,将元器件保存到本地元器件数据库,并且保存到 Capture 库文件的列表下。

1.4　Cadence OrCAD 16.6 版本的新增功能

1.4.1　OrCAD Capture 和 Capture CIS 的新增功能

1. Capture 和 PCB SI(Signal Integrity,信号完整性)的集成和流程

新版软件中增加了电路图输入/信号完整性分析的双向流程。在 OrCAD Capture 新增有 SI Analysis 菜单,用于进行信号完整性分析;也可将信号完整性分析产生的约束条件、电路拓扑文件返回到 Capture 中。

2. 快速放置常用器件

新增一个新菜单命令 Place/PSpice Component,可以快速放置常用的绘图和仿真器件,这些器件直接出现在菜单的器件列表中。而用户可以自行配置菜单中这些器件,可以事先用 PSpice 的仿真器件(如分立元件、电源、数字器件)构成。

3. 用户可自行配置的菜单和工具栏

用户可自行设置 OrCAD Capture、PSpice Advanced Analysis 和 Model Editor 窗口中的菜单、工具栏、图标。这样可以从菜单上单击运行由 Tcl(Tool command language,工具命令语言)定义的操作。

4. 增强了器件查找功能

器件搜索时,可以输入已知的器件属性值(如属性名称＝值)或使用常规表达式作为搜索字符串。例如,要搜索以 C 或 R 字符开头并且后跟 2～9 的任意数字,可使用搜索字符串 Part Reference＝(C|R)[2-9]。

5. 增强 NetGroup 功能

因为本质相同,NetGroup 使用的模型与总线使用的模型结合在一起。新增的功能有:可为总线分配一个 NetGroup、在未命名 NetGroup 中可重新排列引脚、显示 Netgroup 的编号、查找 NetGroup 编号。

6. CIS 性能提高

CIS 操作的整体性能大大提高,尤其是当处理超大数据库或问题时。

7. 可为 CIS Explorer 定制 Tcl

根据用户定义的操作和功能专门配置 CIS Explorer 环境。例如,定制的放置零件检查能禁用放置过时零件或对有长的交货时间的零件发出警告。也可以定制查询结果行,例如,被推荐的器件在查询行显示蓝色或未被推荐(或允许)的器件在查询行显示为红色。

1.4.2　PSpice A/D 和 Advanced Analysis 的新增功能

1. 高级分析控制选项

新增很多高级分析收敛性和仿真控制选项/参数,让用户更好地控制仿真和分析的收敛性。这些选项包括:偏置点收敛、电压值的限制、最坏情况的偏差、最大时间步长控制、伪瞬态、相对容差。

2. 图形处理数据的精度提高到 64 位

新版软件的 PSpice 可产生 64 位精度的输出数据文件。这保证了比以前版本的 32 位数据文件有更高的精度。举一个例子,在以前版本,当将一个幅值很小的电压叠加在一个大电压上时,在 32 位的数据文件中仿真结果的电压无法分辨出小信号的电压。

3. 绘图生成网表后支持撤销命令

生成网表文件后可保存 UNDO 操作,用户可方便地对生成网表文件前更新的参数、器件编辑和连线进行 UNDO 操作。

4. 增强了 IBIS 支持功能

在仿真中,PSpice IBIS(Input/Output Buffer Informational Specification,I/O 缓冲区信息特性)转换器目前支持最高到 5.0 版本的 IBIS 模型(不包括 AMI)。

5. 支持多核引擎

增强的多核支持技术和 I/O 读写功能使软件的性能得到显著改进。尤其是对于大规模电路设计或包含有复杂模型器件(如场效应管、双极性晶体管)的设计,该新增功能提高了程序的执行能力。

6. 加密功能增强

采用 256 位的 AES(Advanced Encryption Standard)加密算法。

7. 基于 Tcl 的定制

高级分析、仿真和数据文件访问可以按用户定义的操作和功能专门配置。这样的环境适合于具体的流程和需求,并允许使用者利用新增特性和设计能力。

<table>
<tr><td>第 2 章
CHAPTER 2</td><td>使用 OrCAD Capture CIS
绘制电路图</td></tr>
</table>

OrCAD Capture CIS 是 OrCAD 的统一输入和管理软件。本章是将 Capture CIS 作为 PSpice 的图形输入方式,来介绍 Capture CIS 的使用方法。

2.1 创建新电路图文件

OrCAD 安装成功后,就可以启动和使用 Capture CIS 程序。启动后,Capture CIS 的基本操作界面如图 2-1 所示。

图 2-1 Capture CIS 的基本操作界面

图 2-1 是 Capture CIS 的基本操作界面,在绘制电路图时,这个界面会发生变化。每次开始绘制新电路图时,首先需要创建新电路图文件,有两种方式实现,方法如下。

(1) 使用菜单:选择 File/New/Project 命令,打开 New Project 对话框,如图 2-2 和图 2-3 所示。

(2) 使用快捷键按钮:单击工具栏中的新建按钮 🔲,也会打开如图 2-3 所示的对话框。

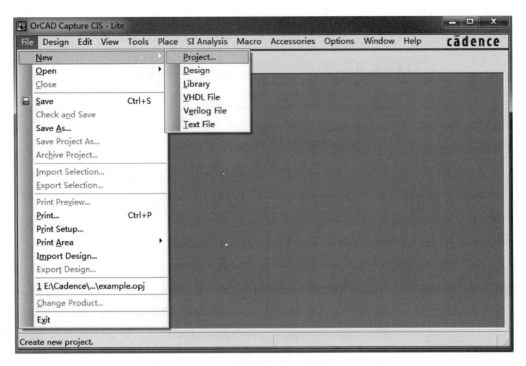

图 2-2　创建新电路图文件的菜单

图 2-3　创建新电路图文件的对话框

创建一个新工程的要求：在 Name 文本框中输入文件名，在 Create a New Project Using 单选按钮中选择可做 PSpice 仿真分析的 Analog or Mixed A/D 选项，最后指定文件所存放的文件夹路径后，单击 OK 按钮，就会打开如图 2-4 所示的 Create PSpice Project 对话框。对初学者来说这里列出的选项十分重要。

下拉列表中列出了可用于创建绘图窗口的多种画板，如图 2-4 所示，可以是一张白纸

（empty. opj）做画板，也可选择简单的带激励源和偏置的画板（simple. opj），或者全部采用层次的画板（hierarchical. opj），在窗口选择类型上的增加也是对以前 OrCAD 版本的改进。

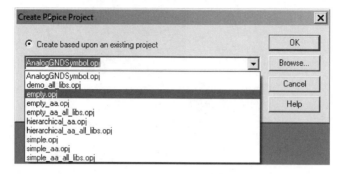

图 2-4　绘图窗口的选择

选择了新建绘图窗口后，单击 OK 按钮，绘制仿真用输入电路图如图 2-5 所示。

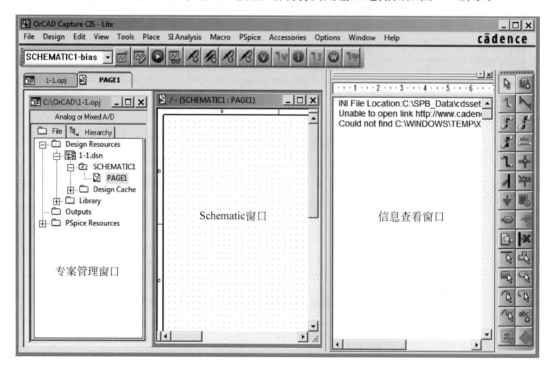

图 2-5　新建绘制仿真用输入电路图窗口

图中是 Capture CIS 3 个主要工作窗口：

- 专案管理窗口：管理并显示各种数据信息。
- Schematic 窗口：电路原理图绘制窗口。窗口右侧出现绘图工具栏，该栏各个按钮的具体功能意义如图 2-6 所示。
- 信息查看窗口（Session Log）：显示软件运行操作过程中的提示或出错信息。

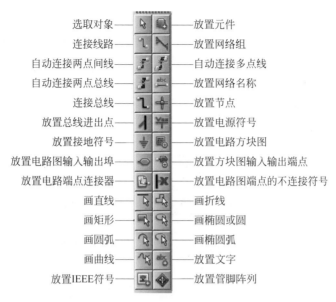

选取对象	放置元件
连接线路	放置网络组
自动连接两点间线	自动连接多点线
自动连接两点总线	放置网络名称
连接总线	放置节点
放置总线进出点	放置电源符号
放置接地符号	放置电路方块图
放置电路图输入输出埠	放置方块图输入输出端点
放置电路端点连接器	放置电路图端点的不连接符号
画直线	画折线
画矩形	画椭圆或圆
画圆弧	画椭圆弧
画曲线	放置文字
放置IEEE符号	放置管脚阵列

图 2-6　绘图栏工具按钮

2.2　绘制电路原理图

假设我们想要画一张共射极 BJT 单管放大电路图，如图 2-7 所示，首先要构图，明确各元器件的位置，然后开始取放元器件。

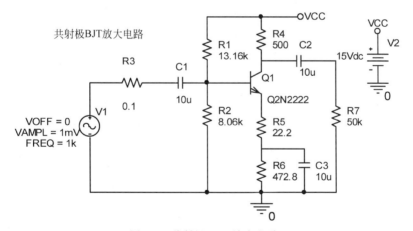

图 2-7　共射极 BJT 放大电路*

2.2.1　加载元器件库

当你第一次启用 Capture CIS 程序时，或者新电路图元器件不在已经加载的元器件库中时，需要做加载元器件库操作。

---

* 本书插图取自 PSpice 软件画出的电路仿真图，该软件中的元器件符号为国际标准符号。为与软件一致，本书没有修改为国标，也没有在图中加注单位，请读者阅读时注意区分。

步骤如下：

（1）选择菜单 Place/Part 命令，或者单击右侧绘图工具栏的  放置元件按钮，便打开取放元器件对话框，如图 2-8 所示。

（2）单击库文件显示区的  按钮，出现库文件浏览对话框，如图 2-9 所示。

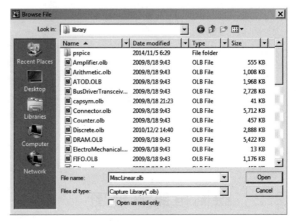

图 2-8　取放元器件对话框　　　　　　　　图 2-9　库文件浏览对话框

（3）若要对电路进行 PSpice 模拟分析，必须有模型，即加载 PSpice 文件夹中的库文件。选择文件夹 PSpice 并单击打开，对话框的内容变为如图 2-10 所示。

（4）根据需要选择一个（或全部）要加载的库文件后（如 analog 模拟电路元器件库），单击 Open 按钮，返回如图 2-11 所示对话框，库文件显示区中加入 ANALOG 库。此时在元器件选择区中可以选择需要的元器件类型，这也是我们经常使用的查库法。

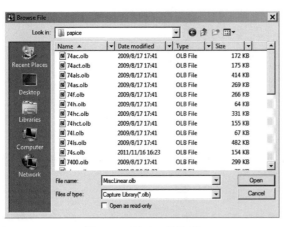

图 2-10　PSpice 元件库　　　　　　　　　图 2-11　加载库文件

（5）若不知元器件在何库，还可以用元器件搜索法取之。其步骤为：单击 `+ Search for Part` 按钮，此时该按钮变为 `- Search for Part`，并出现元器件查找对话框，如图 2-12 所示。在 Search For 文本框中输入元器件名称，再单击 按钮（或按 Enter 键），在 Libraries 栏中出现查找结果。

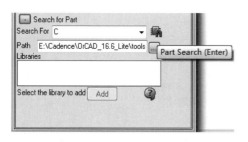

图 2-12   搜索元器件

图 2-13   搜索结果

搜索结果 C/analoq. olb 如图 2-13 所示。然后选中 C/analoq. olb，单击 Add 按钮可将该库文件加至库文件列表中，如图 2-14 所示。如果元器件名称不确定，也可加"＊"号以代之，如 C＊来进行搜索查找。

（6）若需要加入其他库文件，重复步骤（2）～（4）。

（7）若需要卸载某个库文件，可用鼠标单击该文件，再单击 ✕ 按钮，库文件名从库文件显示区消失。

（8）全面减少手工数据输入量是提高 EDA 软件水平的一个重要任务。除了在 OrCAD 软件数据库中找到所需元器件外，入网的 Internet 用户还可从 Capture CIS 内置的 Internet Component Assistant (ICA)窗口中的 ActiveParts 页面的 50 多万个远程数据库中，查找或下载 120 万个元器件。可以把找到的元器件摆放在原理图上。与此同时，该元器件的物理封装、生产厂家、元器件编号、价格、仿真模型以及其他技术资料的 WWW 地址都可以通过本地网或 Internet 远程网上的元器件数据库关联到该元器件，设计效率空前提高（具体操作方法参见第 1.2.2 小节）。此外，读者也可以通过网络收集 Library 的库文件模型，供 Capture CIS 调用。

图 2-14   电容 C 图标

2.2.2   取放元器件

在图 2-14 所示对话框中选择元器件所在的库（在库文件显示区）和需要的元器件（在元器件选择区），单击 按钮（或按 Enter 键），选定的元器件出现在电路图绘制窗口，通过鼠标移动元器件的位置，单击鼠标左键放置元器件，每单击一次放置一个相同的元器件。当单击鼠标右键时弹出快捷菜单，如图 2-15 所示。

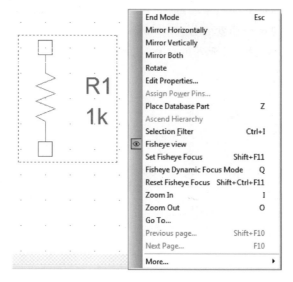

图 2-15　快捷菜单

可对元器件做各种操作,快捷菜单中包括 13 项命令:
- End Mode 结束取放操作;
- Mirror Horizontally 水平翻转(同 H 键);
- Mirror Vertically 垂直翻转(同 V 键);
- Rotate 逆时针旋转 90°(同 R 键);
- Edit Properties 编辑元器件属性;
- Place Database Part 放数据库元器件;
- Ascend Hierarchy 上升层级;
- Selection Filter 选择过滤器;
- Zoom In 放大视窗比例;
- Zoom Out 缩小视窗比例;
- Go To 跳到指定位置;
- Previous Page 回到前一页;
- Next Page 转到下一页。

选择 End Mode,结束一次取放元器件操作。

2.2.3　放置偏置电源和接地符号

选择菜单 Place/Power 命令,或者单击绘图工具栏的 按钮,便打开 Place Power(取放电源)对话框,如图 2-16 所示。第一次打开也需要加载电源库,电源的取放方法同上述元器件。

选择菜单 Place/Ground 命令,或者单击绘图工具栏的 按钮,便可打开 Place Power 对话框放置接地符号,如图 2-17 所示。接地符号的放置方法同元器件,若读者已学过电路理论的相关知识,当然会明白设置零节点的必要性;因为 Spice 是用改进的节点法列写方程的,零节点是指定的参考点,只有指定零节点才能保证方程是独立的,否则认为出错(节点悬浮)。

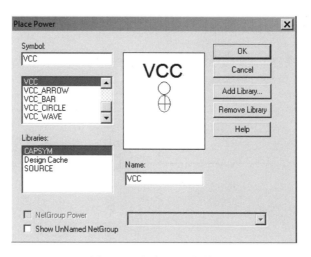

图 2-16　取放电源对话框

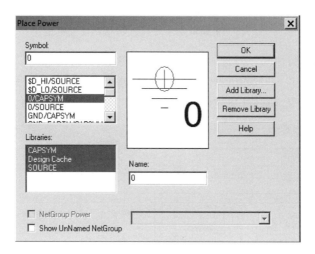

图 2-17　接地符号的放置

2.2.4　连接线路和放置节点

当元器件、电源和接地点放置完毕后,接下来就是连接电路了。在 Capture 中,元器件的引脚上都有一个小方块,表示接线的地方。选择菜单 Place/Wire 命令,或者单击绘图工具栏的 按钮,光标变成十字状,将光标移到元器件的引脚,单击鼠标左键,画线开始。移动光标可画出一条线,当到达另一个引脚时,再单击鼠标左键,便可完成一段走线。此时光标仍然处于画线状态,若要结束画线,可单击鼠标右键,选择快捷菜单中的 End Wire。

当某元器件位置不合适时,用鼠标单击并拖动,元器件便移动到新的位置。

当需要放置节点时,选择菜单 Place/Junction 命令,或者单击绘图工具栏的 按钮,一个节点跟随鼠标箭头移动,单击鼠标放置节点。若要结束放置节点,可单击鼠标右键,选择快捷菜单中的 End Mode。

2.2.5 元器件属性编辑

当电路图刚绘制完成时，各元器件均标注着元器件序号和元件值，如图 2-18 所示，它们都是默认值，可根据需要将它们改成设计要求值，这就是元器件属性的编辑。

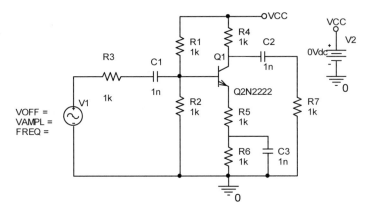

图 2-18 未编辑属性的共射极 BJT 放大电路

首先选定要编辑属性的元器件，可以单击选定单个元器件，也可以拖动选定若干元器件(或全部)。再选择菜单 Edit/Properties 命令，或者单击鼠标右键，在弹出的快捷菜单中，选择 Edit Properties 命令，即可开启元器件的属性编辑对话框，如图 2-19 所示。

		PSpiceOnly	Reference	SLOPE	Source Library	Source Pa	Source Part	TC1	TC2	TD	TOLERAN	Value	VAMPL
1	SCHEMATIC1 : PAGE1		C1	CSMAX	C:\ORCAD	C	C.Normal	0	0			10u	
2	SCHEMATIC1 : PAGE1		C2	CSMAX	C:\ORCAD	C	C.Normal	0	0			10u	
3	SCHEMATIC1 : PAGE1		C3	CSMAX	C:\ORCAD	C	C.Normal	0	0			10u	
4	SCHEMATIC1 : PAGE1		Q1		C:\ORCAD	2N2222	2N2222.Norm					2N2222	
5	SCHEMATIC1 : PAGE1		R1	RSMAX	C:\ORCAD	R	R.Normal	0	0			13.16k	
6	SCHEMATIC1 : PAGE1		R2	RSMAX	C:\ORCAD	R	R.Normal	0	0			8.06k	
7	SCHEMATIC1 : PAGE1		R3	RSMAX	C:\ORCAD	R	R.Normal	0	0			0.1	
8	SCHEMATIC1 : PAGE1		R4	RSMAX	C:\ORCAD	R	R.Normal	0	0			500	
9	SCHEMATIC1 : PAGE1		R5	RSMAX	C:\ORCAD	R	R.Normal	0	0			22.2	
10	SCHEMATIC1 : PAGE1		R6	RSMAX	C:\ORCAD	R	R.Normal	0	0			472.8	
11	SCHEMATIC1 : PAGE1		R7	RSMAX	C:\ORCAD	R	R.Normal	0	0			50k	
12	SCHEMATIC1 : PAGE1	TRUE	V1		C:\ORCAD	VSIN	VSIN.Normal			0		VSIN	1mv
13	SCHEMATIC1 : PAGE1	TRUE	V2		C:\ORCAD	VDC	VDC.Normal					VDC	

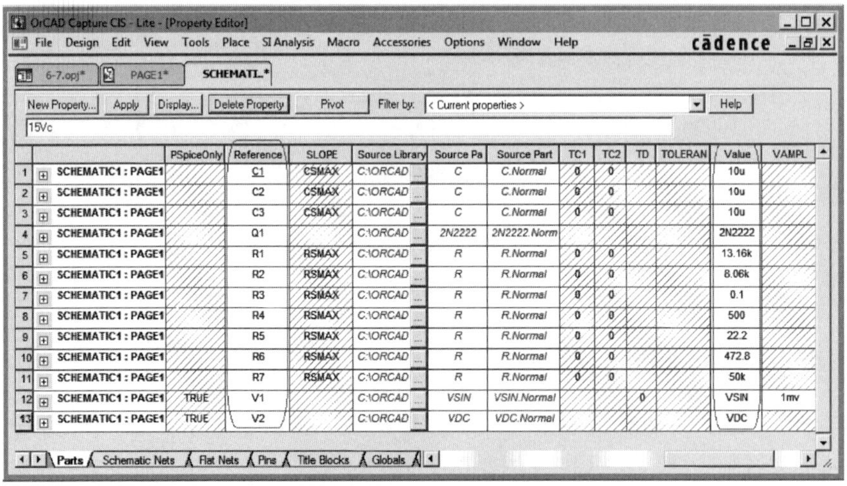

图 2-19 元器件的属性编辑对话框

在属性编辑对话框底部有 7 张标签，单击 Parts 标签，再单击要编辑的 Reference 或 Value 列下的相应单元格，如图 2-19 中第 6 个元器件的"8.06k"，选择后可输入新值。全部编辑完毕后，关闭属性编辑窗口即可。

通常是对单个或部分元器件属性进行编辑，也可先用鼠标左键圈画出欲调范围，再按下右键，如图 2-20 所示，在快捷菜单中选择 Edit Properties 命令即可打开如图 2-19 所示的元器件属性编辑对话框。也可双击器件的名称(如 R1)或数据(如 13.16k)，在打开的对话框中的 Value 文本框中输入器件的名称或器件的参数值，如图 2-20 的右下部分。

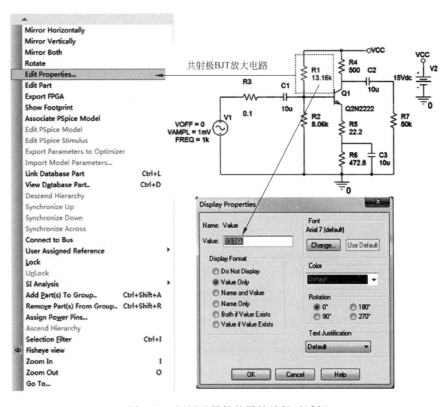

图 2-20　调用元器件的属性编辑对话框

2.2.6　设置网络连线节点名称

此外,根据电路设计的不同需要,还可以设置网络连线节点名称(尤其对管脚较多的元器件更为适用)。当需要放置网络连线节点名称时,首先引出一段导线或者选中要放置的连线上,选择菜单 Place/Net Alias 命令,或者单击绘图工具栏的 ![abc] 按钮,便可打开 Place Net Alias(设置网络连线节点名称)对话框,如图 2-21 所示。

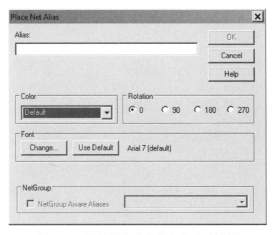

图 2-21　设置网络连线结点名称对话框

在 Alias 文本框中填入网络节点的名称,单击 OK 按钮即可。在该窗口中还可以设置网络节点名称的字体颜色、字号、字体及放置方向等。

2.2.7　放置说明文字

当我们需要放置说明文字时,可选择菜单 Place/Text 命令或者单击绘图工具栏的 ⬛ 按钮,打开 Place Text(放置说明文字)对话框,如图 2-22 所示。

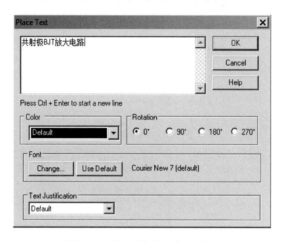

图 2-22　放置说明文字对话框

到此为止,一张用 Capture CIS 绘制的简单电路图全部完成,完成后的电路图如图 2-7 所示。

第3章
CHAPTER 3

直流分析(.DC)[①]

PSpice 电路分析软件在当代电子产品开发中占有重要的地位。电子产品设计是根据设计要求画出合理的电路原理图,然后利用 PSpice 对电路进行仿真,检验电路是否达到设计要求,与此同时优化参数。待仿真成功后,才能设计印制板电路图(可利用 Cadence OrCAD 自动完成),宣告产品设计完成。

从本章开始介绍如何应用 PSpice 分析电路,先从三大基本分析(即直流分析、交流分析和瞬态分析)入手,然后介绍其他分析。本章介绍 PSpice 分析的基础部分:直流分析。直流分析之所以重要其原因有以下 3 点:

① 直流电路本身的需要;

② 电子电路作交流分析时,大都需要应用小信号模型,建立小信号模型必须作直流分析,以便计算其静态工作点;

③ 瞬态分析时必须计算初始值,也是要作直流分析,更不用说用牛顿拉夫逊迭代求解时更是反复地调用直流分析程序。

由上述可见直流分析在 PSpice 分析电路中的基础地位。直流分析可对大信号非线性直流电路进行分析。本章先介绍其基本分析,其他功能留待后述。

一个电路设计能够使用 PSpice 分析和优化的两个必备条件是:

① 元件必须都有 PSpice 的仿真模型,这也是必需进入 Pspice 库的原因,如库中没有相应的模型,也可以自建模型加入库中;

② 在电路中含有激励源(或者电路中有存储能量)。

对于这两点的具体含义和实现方法,在后面的分析举例中逐渐说明。

3.1 运行 PSpice 的基本步骤

3.1.1 电路原理图输入方式

PSpice 有两种输入方式:电路原理图输入方式和文本输入方式,目前常用电路原理图输入方式。Cadence OrCAD 统一由 Capture 窗口进行输入和调用 PSpice 分析。在如图 2-3 所示的 Capture 基本操作界面中,每次开始绘制新电路图时,需要首先创建仿真电路图文

---

① .DC 为文本输入时,直流分析命令。前面的".".不能少。也称其为点语句。

件,有两种方式实现,方法如下:

使用菜单:选择菜单 File/New/Project 命令,打开如图 3-1 所示的 New Project(建立新工程)对话框。

图 3-1　建立新的工程

使用按钮:在工具栏中单击新建按钮 ，也可打开图 3-1 所示的对话框。

在打开的对话框中,Name 文本框中输入文件名,如 DC;在下面的单选按钮中选择 Analog or Mixed A/D project,要注意这是由 Capture 直接调用 PSpice 的按钮,不要选错。

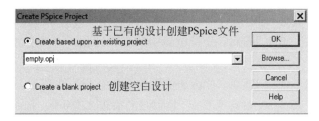

图 3-2　PSpice 分析的设计来源选择

图 3-1 中其他 3 个仿真类型选项的含义为:

- PC Board Wizard:为 PCB 制版而新建的工程;
- Programmable Logic Wizard:为可编程逻辑器件仿真而新建的工程;
- Schematic:只为绘制原理电路图而新建的工程。

最后在 Location 中指定文件所放的文件夹后,单击 OK 按钮,则会打开图 3-2 所示的 PSpice 分析的设计来源选择对话框。选择 Create a blank project(创建空白设计)或 Create based upon an existing project(基于已有的设计创建 PSpice 文件),这里选择前者。最后单击 OK 按钮,进入到仿真电路图绘制窗口,如图 3-3 所示。

原理图的具体绘制方法已经在第 2 章中具体讲过了,下面主要说明在使用 PSpice 时绘制原理图应该注意的地方。

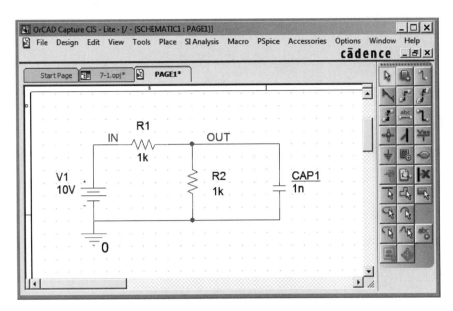

图 3-3 仿真电路图输入窗口

（1）新建 Project 时应选择 Analog or Mixed-signal Circuit。

（2）调用的元器件必须有 PSpice 模型。

① 调用 OrCAD 软件本身提供的模型库，这些库文件存储的路径为 Capture\Library\pspice，此路径中的所有元器件都有 PSpice 模型，可以直接调用。

② 若使用自己创建的元器件，必须保证 ＊.olb、＊.lib 两个文件同时存在，而且元器件属性中必须包含 PSpice Template 属性。

（3）原理图中至少必须有一条网络名称为 0，即接地。

（4）必须有激励源：原理图中的端口符号并不具有电源特性，所有的激励源都存储在 Source 和 SourcsTM 库中。

（5）电压源两端不允许短路，不允许仅由电源和电感组成回路（因为直流分析时电感当作短路处理）；也不允许仅由电流源和电容组成的割集（因为直流分析时电容当作开路处理）。如需要时，有一个解决方法是：电容并联一个大电阻，电感串联一个小电阻。

（6）最好不要使用负值电阻、电容和电感，因为它们容易引起不收敛。

3.1.2 创建新仿真文件

当仿真电路图绘制完毕后，首先存盘，然后创建新仿真文件。选择菜单 PSpice/New Simulation Profile 命令，或者单击常用工具栏的 按钮，便打开 New Simulation（新仿真）对话框，如图 3-4 所示。

在新仿真对话框的 Name 文本框中输入仿真文件名（如 DC），单击 Create 按钮，打开 Simulation Settings（仿真设置）对话框，如图 3-5 所示。3.2 节将举例说明此对话框的参数设置，即不同分析内容的不

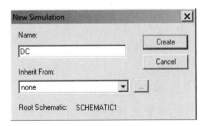

图 3-4 创建新仿真对话框

同设置方法。设置完毕单击 OK 按钮,返回电路图窗口。这个对话框经常用到,因此十分重要。

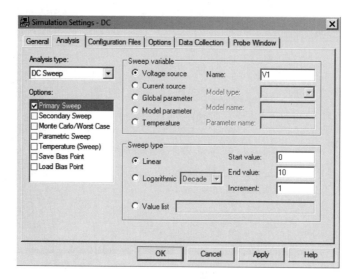

图 3-5　仿真设置对话框

由图 3-5 可知,在仿真设置对话框中除了 Analysis(分析)参数设置标签页,还有 5 个参数设置标签页。

1. 一般参数设置(General)

此标签页的功能是设置参数属性文件名称等基本信息,其页面设置如图 3-6 所示。

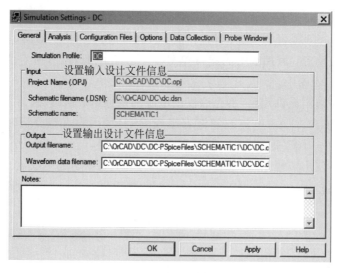

图 3-6　一般参数设置标签页

2. 仿真配置文件(Configuration Files)

此标签页的功能是添加在仿真过程中与之相匹配的文件信息,如模拟仿真库文件、模型库文件以及所有的输入输出属性参数文件,可根据需要添加相应的设计、属性参数文件等信息,来供模拟仿真设计使用,其页面设置如图 3-7 所示。

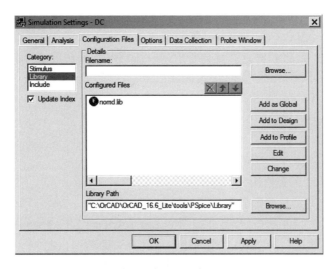

图 3-7 仿真配置文件标签页

3. PSpice 中的参数选项设置(Options)

此标签页的功能是设置在 PSpice 运行环境时相关分析的具体参数选项,其页面如图 3-8 所示。

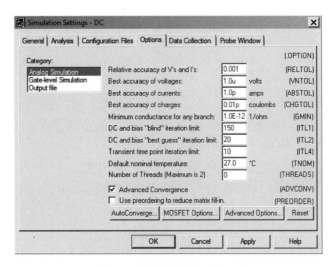

图 3-8 参数选项设置标签页

由图 3-8 可知,参数选项设置标签页主要包括 3 个组成界面的设置:

1) 模拟仿真设计界面

该对话框主要是设置所有的容差和设计参数。

(1) 基本任选参数

- RELTOL:设置计算电压和电流时的相对精度。
- VNTOL:设置计算电压时的精度。
- ABSTOL:设置计算电流时的精度。
- CHGTOL:设置计算电荷时的精度。

- GMIN：电路模拟分析中加于每个支路的最小增益。
- ITL1：在 DC 分析和偏置点计算时以随机方式进行的迭代次数上限。
- ITL2：在 DC 分析和偏置点计算时根据以往情况选择初值进行的迭代次数上限。
- ITL4：瞬态分析中任一点的迭代次数上限。注意，在 SPICE 程序中有 ITL3 选项，PSpice 软件中则未采用 ITL3。
- TNOM：确定电路模拟分析时采用的温度默认值。
- THREADS：线程数，最大值为 2。
- ADVCONV：是否选择高级收敛算法。
- PREORDER：是否使用定制减少矩阵填充。

（2）与 MOSFET 器件参数设置有关的选项

单击 MOSFET Options 按钮，打开如图 3-9 所示 MOSFET Options（MOSFET 元器件参数选项设置）对话框，其中包括 4 项与 MOS 器件有关的选项。

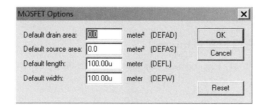

图 3-9 MOSFET 器件参数设置对话框

- DEFAD：设置模拟分析中 MOS 晶体管的漏区面积 AD 默认值。
- DEFAS：设置模拟分析中 MOS 晶体管的源区面积 AS 默认值。
- DEFL：设置模拟分析中 MOS 晶体管的沟道长度 L 默认值。
- DEFW：设置模拟分析中 MOS 晶体管的沟道宽度 W 默认值。

（3）高级参数设置（Advanced Options）

在图 3-8 中单击 Advanced Options 按钮，打开如图 3-10 所示 Advanced Analog Options（高级参数选项设置）对话框。其主要参数的含义如下。

- ITL5：设置瞬态分析中所有点的迭代总次数上限，若将 ITL5 设置为 0（即默认值）表示总次数上限为无穷大。
- PIVREL：在电路模拟分析中需要用主元素消去法求解矩阵方程。求解过程中，允许的主元素与其所在列最大元素比值的最小值由本选项确定。
- PIVTOL：确定主元素消去法求解矩阵方程时允许的主元素最小值。
- SOLVER：确定模拟仿真的数学算法。
- DMFACFOR：相对因子 delta 的最小值，该值指定最小时间步长变化的相对值。
- NOGMINI：不指定添加电流源的最小电导值。
- WCDEVIATION：最坏情况偏差。
- LIMIT：绝对数据值上限。
- BRKDEPSRC：非独立源的断点有效。
- DIODERS：二极管正向导通电阻 Rs 的最小值。
- DIODECJO：二极管结电容 Cjo 的最小值。

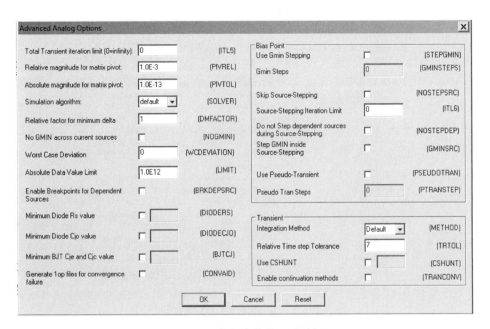

图 3-10 高级参数设置对话框

- BJTCJ：双极型晶体管的发射结电容 Cje 和集电结电容 Cjc 的最小值。
- CONVAID：收敛失败时产生一个静态工作点文件。

高级模拟参数设置中的静态工作点和晶体管的设置不再赘述。

2）"门"电路的仿真设计界面

该对话框主要是设置数字模拟仿真的选项信息，其界面设置如图 3-11 所示。

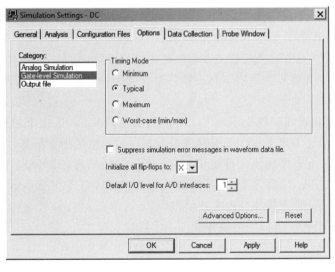

图 3-11 "门"电路的仿真设计界面

3）输出文件界面

该对话框主要是控制在输出文件中哪些文件将被输出打印，该对话框设置并不影响数据文件在 Probe 中的显示，其界面设置如图 3-12 所示。

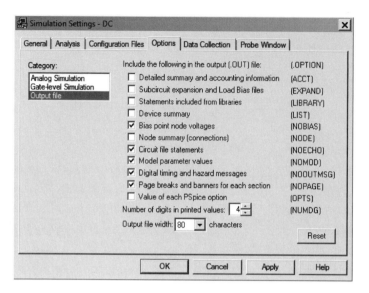

图 3-12 输出文件界面

主要选项说明如下。

- ACCT：该名称是 Account 的缩写。若选中该项，则在输出关于电路模拟分析结果信息的后面还将输出关于电路结构分类统计、模拟分析的计算量以及计算机耗用的时间等统计结果。
- EXPAND：列出用实际的电路结构代替子电路调用以后新增的元器件以及子电路内部的偏置点信息。
- LIBRARY：列出库文件中在电路模拟过程被调用的那部分内容。
- LIST：列出电路中元器件统计清单。
- NOBIAS：在输出文件中不列出节点电压信息。
- NODE：以节点统计表的形式表示电路内部连接关系。
- NOECHO：在输出文件中不列出描述电路元器件拓扑连接关系及与分析要求有关的信息。
- NOMOD：在输出文件中不列出模型参数值及其在不同温度下的更新结果。
- NOPAGE：在输出文件中不保存模拟分析过程产生的出错信息。
- NOPAGE：在打印输出文件时，代表模拟分析结果的各部分内容（如偏置解信息、DC、AC 和 TRAN 等不同类型的分析结果等）均自动另起一页打印。如果选中 NOPAGE 选项，则各部分内容连续打印，不再分页。
- OPTS：列出模拟分析采用的各选项的实际设置值。
- NUMDG：确定打印数据列表时的数字倍数（最大 8 位有效数字）。
- Output File Width：确定输出打印时每行字符数（可设置为 80 或 132）。

当遇到疑难问题和错误信息时，以上所有参数选项设置都会对绝对问题有所帮助。

4. 数据保存选项（Data Collection）

此标签页的功能是确定在电路模拟分析仿真的过程中哪些数据信息保存到 Probe 数据文件中，其页面设置如图 3-13 所示。

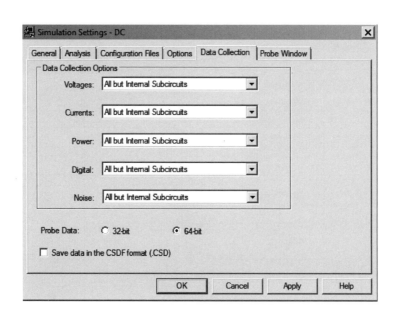

图 3-13 数据保存选项标签页

由图 3-13 可知,可以对电路模拟仿真设计中的电压、电流、功率、数字信息、噪声等数据信息进行选择性的保存,在各下拉菜单中有 4 个保存指令类型可供选择:

- All:保存所有节点的电压、电流、数字数据。
- All but Internal Subcircuits:保存除阶层内部节点外的数据。
- At Markers Only:只保存要观测的节点处的数据。
- None:不保存数据。

5. 设置波形显示方式(Probe Windows)

此标签页的功能是设置在 Probe 中波形显示方式的相关信息,该项功能将在后续的 Probe 功能中加以介绍。

3.1.3 执行 PSpice 程序

当分析参数设置完毕后,就可执行 PSpice 程序对电路进行分析了。选择菜单 PSpice/Run 命令,或者单击常用工具栏的 ▶ 按钮,打开 PSpice 执行模拟窗口,分析完成后程序会自动调用 Probe 显示分析结果波形,如图 3-14 所示。

在波形窗口只有坐标而没有波形时。选择菜单 Trace/Add Trace 命令,或者单击常用工具栏的 按钮,出现加入波形对话框,从中选择需要显示的电压、电流、电位或电功率后单击 OK 按钮,则波形窗口出现波形。

3.1.4 输出窗口的常用操作

1. 只显示波形

在图 3-14 中,选择菜单 View/Output Window 命令,或者单击关闭按钮,便可关闭文字窗口,如图 3-15 所示。

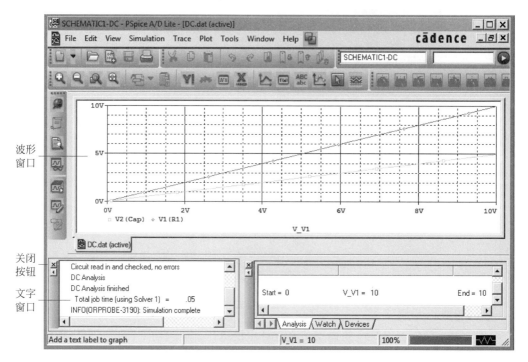

图 3-14   PSpice 执行模拟窗口

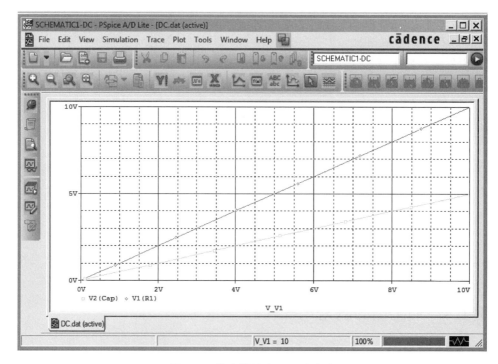

图 3-15   输出结果中只显示波形

2. 利用菜单 Zoom 命令调整波形窗口

在图 3-15(或图 3-14)中,为了更好地分析和观察波形,可以任意缩放波形大小。选择菜单 View/Zoom 命令,出现如图 3-16 所示菜单,其功能分别如下:

(1)Fit:同常用工具栏的 图标,单击后,将整个波形的显示尺寸自动地调整到适合视窗的大小。

(2)In:同常用工具栏的 图标,单击后,鼠标箭头变成十字,移到需要加细观察的波形附近,再单击,波形被放大。

图 3-16 Zoom 菜单

(3)Out:同常用工具栏的 图标,单击后,鼠标箭头变成十字,移到需要扩大观察波形范围的区域,再单击,波形被缩小。

(4)Area:同常用工具栏的 图标,对所选定区域的波形放大。

(5)Previous:回到前一显示画面。

(6)Redraw:更新显示画面。

(7)Pan-New Center:设置所显示波形的中心点。

3. 查看文字输出档

在执行 PSpice 分析程序后,产生输出波形的同时还产生了各种文字输出档,如网路表、电气规则检查报告等。若电路图中元器件的连接不符合电气规定,或有其他的错误,执行 PSpice 分析后不能产生输出波形,会在文字输出档中会报告错误原因,阅读后可帮助修改电路图。

选择菜单 View/Output File 命令,即可查看文字输出档,如图 3-17 所示。输出结果可通过单击下面的两个标签之一而在波形或文字两个窗口间切换。

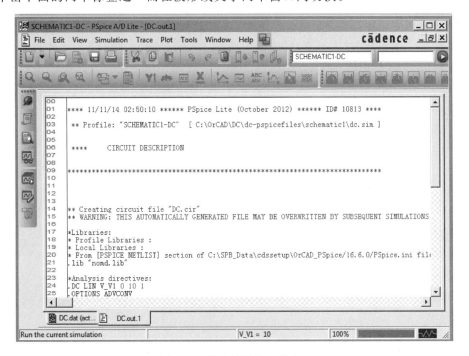

图 3-17 输出结果的文档窗口

3.2 直流分析

下面通过简单的例题,说明如何运用 PSpiceA/D 进行常用的直流分析的基本方法。

PSpice 可对大信号非线性电子电路进行直流分析。它是针对电路中各直流偏压值因某一参数(电源、元件参数等)改变所做的分析,直流分析也是交流分析时确定小信号线性模型参数和瞬态分析确定初始值所需的分析。模拟计算后,可以利用 Probe 功能绘出 V_o-V_i 曲线,或任意输出变量相对任一元件参数的传输特性曲线。

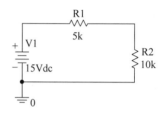

图 3-18 直流分压

一个简单的直流分压电路如图 3-18 所示。试利用 OrCAD 的直流分析方法完成该电路的分压分析。

分析过程参照 3.1 节。

1. 电路原理图的绘制

输入电路图名称(如 RR),绘制电路图。再一次提醒读者:电路图中必须有模拟地"0"的存在才能进行 PSpice 分析,因为它用的是改进的节点法。模拟地"0"可以从库 Source .olb 中选择"0 ground"。

2. 创建新仿真文件

输入仿真文件名称为 DC,如图 3-4 所示。注意分析参数设置方法,如图 3-5 所示。

(1) 在仿真设置窗口中选择分析标签 Analysis。

(2) 在 Analysis type(分析类型)的下拉列表框中选择 DC Sweep(直流扫描)进行直流分析。

(3) 在 Options(选项)中选择 Primary Sweep(初级扫描)。

(4) 在 Sweep variable(扫描变量)中选择 Voltage soure(电压源),且在 Name 文本框中输入 V1,表示设定电压源 V1 为扫描变量。

(5) 在 Sweep type(扫描类型)单选项中选择 Linear(线性),即对 V1 做线性扫描分析。在 Start Value 文本框中输入 0,表示从 0V 开始扫描。在 End Value 文本框中输入 15,表示到 15V 结束扫描。在 Increment 文本框中输入 1V,表示以 1V 为增量扫描。

(6) 对于其他选项说明如下:

① 直流扫描自变量类型(Sweep variable):

• Current Source:电流源。

• Global Parameter:全局参数变量,如设定某一电阻值为可变参数 Rvar。

• Model Parameter:元器件模型的参数,如三极管的 Bf,选择此项时还需设置下面的值(以 NPN BJT 为例)。

  ◆ Model Type 元器件模型类型(如 NPN);

  ◆ Model Name 元器件模型名称(如 Q1);

  ◆ Parameter 元器件模型内的模型参数(如正向放大倍数 Bf=60)。

• Temperature:以温度为自变量。

② 扫描方式(Sweep type):

• Logarithmic Operation(对数运算)中的 Octave 和 Decade:设定扫描变量分别以 8 倍、10 倍增量来计算,此时 Start 值不能为负或零。

- Value list：仅分析 Value list 中的数值。

3. 执行 PSpice 分析程序

其结果波形如图 3-19 所示。波形显示了 R2 电阻两端的电压与直流电源 V1 值的关系曲线，结果成线性关系。

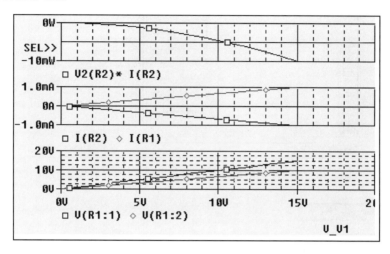

图 3-19　增加显示窗口

其结果波形也是可调的，如：

1. 增加坐标窗口

选择菜单 Plot/Add Plot to Window 命令，如图 3-20 所示，就出现如图 3-19 所示的画面。

2. 增减扫描变量

若要增减扫描变量时，可选择菜单 Trace/Add Trace 命令，如图 3-21 所示；或者单击常用工具栏中的 图标按钮，出现加入波形对话框，如图 3-22 所示，从中选择需要显示的电压、电流、电位、电功率或它们的算术表达式，单击 OK 按钮，则波形窗口出现波形。

图 3-20　Plot 菜单命令　　　　图 3-21　增减扫描变量用 Trace 命令

3. 查阅文字输出档

在分析时经常需要文字输出文件。选择菜单 View/Output File 命令，如图 3-23 所示，即可查看文字输出档，如图 3-24 所示。

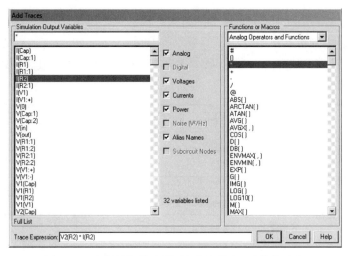

图 3-22 本例的扫描变量,计算电阻 R2 吸收的功率

图 3-23 View 菜单命令

```
*Analysis directives:
.DC LIN V_V1 0 10 1
.OPTIONS ADVCONV
.PROBE64 V(alias(*)) I(alias(*)) W(alias(*)) D(alias(*)) NOISE(alias(*))
.INC "..\SCHEMATIC1.net"


**** INCLUDING SCHEMATIC1.net ****
* source DC
R_R1          IN OUT   1k TC=0,0
R_R2          0 OUT    1k TC=0,0
C_Cap          0 OUT   1n TC=0,0
V_V1          IN 0 10V

**** RESUMING DC.cir ****
.END
```

图 3-24 查阅本例的文字输出档(部分)

图 3-24 中可看到分析参数、网表结构等。

细心的读者早在图 3-19 显示的波形图中看出,R1 和 R2 中的电流为什么反向?

查阅本例的文字输出档案就知道,原来 R1 的参考(正)方向是从 N00080(正极性)流向 N0011(负极性),R2 却是从 0(正极性)流向 N0011(负极性)。二者恰恰相反。负载功率为负值亦不足为奇了。

4. 学会用结点电压探针在探针

工具栏提供了 4 个按钮,⌇⌇⌇⌇,依次为结点电压、电压、电流和功率。选用节点电压探针⌇,把它放在你想探测的节点,如图 3-25 所示。

图 3-19 中下方的一幅波形就是用节点电压探针的观察结果。可以像示波器那样用探针随时任意观察各点波形。有关静态工作点分析等留待后面介绍。

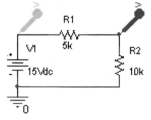

图 3-25 用结点电压探针

3.3 二次扫描(Seconde Sweep)

现以双极型晶体管(BJT)的共射伏安特性,来说明二次扫描的用法。

1. 输入特性曲线

输入特性曲线的数学描述:

$$i_B = f(u_{BE})\big|_{U_{CE}=\text{常数}}^{①}$$

可用如图 3-26 所示电路予以模拟(以下皆以 NPN 型为例)。

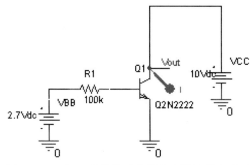

图 3-26 双极型晶体管的共射伏安特性模拟实验

图中,Q2N2222 为硅高频管,设 V_{CC}(VCC)=10V;设置:DC Sweep;扫描变量为 V_{BB}(VBB):Start Value 为 0V;End Value 为 2.7V;Increment 为 0.01V(取点多则曲线光滑),如图 3-27 所示。

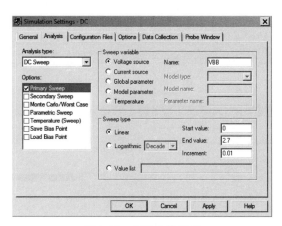

图 3-27 实验参数设置

运行后得出曲线如图 3-28 所示。

图中的曲线是 V_{BB}-I_{Qb}(VBB-IQb)曲线而不是 V_{BE}-I_{Qb}(Vbe-IQb)曲线,需要将限流电阻 R1 的电压去掉。选择菜单 Plot/Axis Setting 命令将变换横坐标变量,打开如图 3-29 所示 Axis Settings 对话框,在 X Axis 标签页的 Axis Variable 按钮,打开对话框,如图 3-30 所示。

---

① 国标电压符号用 U;在程序中通用 V,以后多用 V。

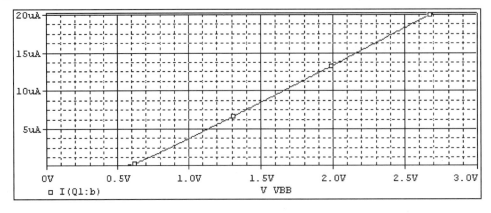

图 3-28　V_{BB}-I_{Qb}（VBB-IQb）曲线

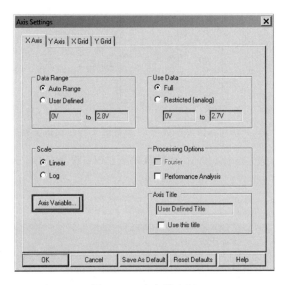

图 3-29　改变横坐标

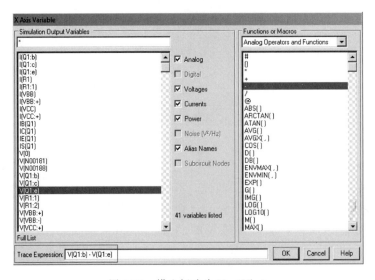

图 3-30　横坐标改为 V_{BE}（Vbe）

设置完,得出晶体管的输入 V-I 特性曲线如图 3-31 所示。

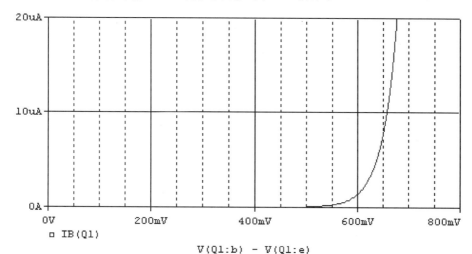

图 3-31　晶体管的输入 V-I 特性曲线

欲讨论 V_{CC}(VCC)对输入 V-I 特性的影响,可启动二次扫描,如图 3-32 所示。

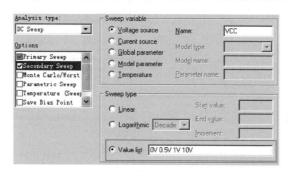

图 3-32　设置 V_{CC}(VCC)变化时对输入特性的影响的对话框

图中,二次扫描变量为 V_{CC}(VCC),用列表法列出其变化范围。其结果如图 3-33 所示。

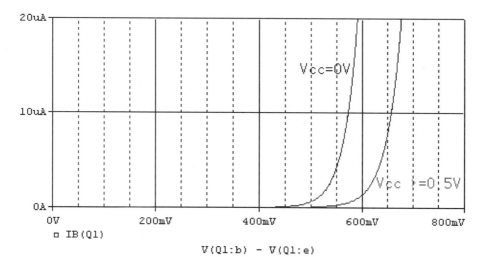

图 3-33　V_{CC}(VCC)变量对输入 V-I 特性的影响

从图中可以看出，$V_{CC}=0$V 时 C、E 端相当于短路，与二极管特性相似；$V_{CC}\geqslant0.5$V 后 I_B(IB)基本保持不变。

2. 输出特性曲线

输出特性曲线由下列函数关系描述，即

$$i_C = f(u_{CE})\big|_{I_B=\text{常数}}$$

由于 $V_{be}=0.7$V。则有

$$I_B = \frac{V_{BB}-V_{be}}{R_b} = \frac{2.7\text{V}-0.7\text{V}}{100\text{k}\Omega} = 20\mu\text{A}$$

如 $V_{BB}=10.7$V，$I_B=100\mu$A。故设置：

DC Sweep VCC：Start Value 0V；End Value 10V；Increment 0.01V。

二次扫描 VBB：Start 0V；End 10.7V；Step 2V；可得 6 根曲线，如图 3-34 所示。

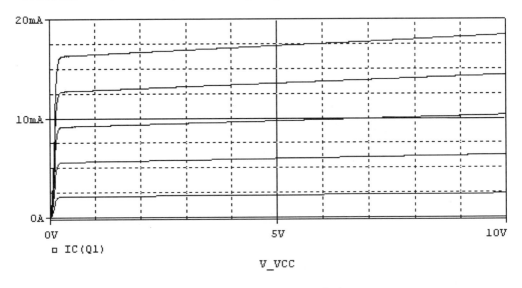

图 3-34 晶体管的输出特性曲线

3.4 静态(直流)工作点分析

静态工作点分析即直流偏置分析(Bias Point Analysis)。在电子电路中，确定静态工作点是十分重要的，因为有了它便可决定半导体晶体管等的小信号线性化模型参数值。在用文本文件输入时其控制命令为".OP"，输出的是各节点电压、各个电压源流过的电流和总(消耗)功率。

采用直流偏置分析可以得到以下信息：电路的静态工作点、电路的直流灵敏度、电路的直流传输特性(Transfer Function)，其中包括电路的增益、输入输出等效阻抗等。

下面以由电阻和直流电压源组成的电路为例，来说明如何进行静态工作点分析。

一个简单的电阻和直流电压源组成的电路，试用 Cadence OrCAD 对该电路电阻 RL 的电压和电流进行静态工作点分析。

1. 电路图的绘制

输入电路图名称(如 Bias Point),绘制电路图,如图 3-35 所示。

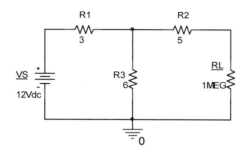

图 3-35　直流电路图

2. 创建新仿真文件

创建名称为 Bias Point 的仿真文件。静态工作点分析参数设置方法如图 3-36 所示。

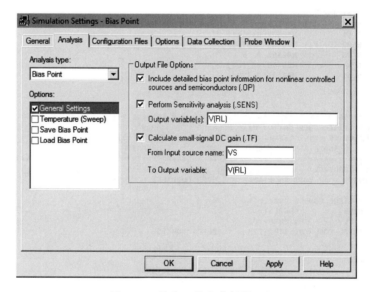

图 3-36　静态工作点分析设置

静态工作点分析设置说明如下。

(1) 在仿真设置对话框中选择分析标签 Analysis。

(2) 在 Analysis type 的下拉列表框中选择 Bias Point 进行静态工作点分析。

(3) 在 Options 中选择 General Settings。

(4) 在 Output File Options 栏中:

- 选择 Include detailed bias point information for nonlinear controlled sources and semiconductors,进行静态工作点分析设置。运行后输出的是节点电压、各个电压源流过的电流和总(消耗)功率以及所有非线性受控源和半导体晶体管的小信号线性参数。

- 选择 Perform Sensitivity analysis,并在 Output variable(s)文本框中输入 V(RL),表示在对输出变量 V(RL)进行灵敏度分析,灵敏度分析即各个元器件参数对输出变量的偏导。在高级分析中将作详细介绍。

- 选择 Calculate small-signal DC gain 并在 From Input source name 文本框中输入 VS,在 To Output variable 文本框中输入 V(RL),表明要进行传输特性分析(用.TF 语句),计算小信号增益、输入、输出端电阻等数据,这些对考虑电路匹配时很有用。

Options 列表中的 Save Bias Point 与 Load Bias Point 是静态工作点文件存放、读取地址。

3. 执行 PSpice 分析程序

此时,只有文字输出而没有图形。在 Probe 窗口选择菜单 View/Output File 命令,在输出文件中观察所需信息,如图 3-37 所示。

```
*Analysis directives:
.OP ─────────── 工作点分析
.SENS V(R_RL) ─────── V(RL)的灵敏度
.TF V(R_RL) V_US ─────── V(RL)/VS的增益
.PROBE V(alias(*)) I(alias(*)) W(alias(*)) D(alias(*)) NOISE(alias(*))
.INC "..\SCHEMATIC1.net" ─────── 网表

**** INCLUDING SCHEMATIC1.net ****
* source BIAS POINT
R_R1        N00137 N00146  3
R_R2        N00146 N00155  5
R_R3        N00146 0  6
R_RL        N00155 0  1meg
V_US        N00137 0 12Udc
```

(a) 分析类型及电路网表部分

```
*** 02/16/09 15:23:35 ****** PSpice 16.0.0 (August 2007) ***** ID# 1733240 **
** Profile: "SCHEMATIC1-Bias Point"
[ F:\orcad e.g\1-4\Bias Point-PSpiceFiles\SCHEMATIC1\Bias Point.sim ]
****    SMALL SIGNAL BIAS SOLUTION       TEMPERATURE =   27.000 DEG C
*************************************************************************
NODE   VOLTAGE     NODE   VOLTAGE     NODE   VOLTAGE     NODE  VOLTAGE
(N00137)  12.0000 (N00146)   8.0000 (N00155)   7.9999  各个节点电压


    VOLTAGE SOURCE CURRENTS
NAME        CURRENT
V_US        -1.333E+00
TOTAL POWER DISSIPATION   1.60E+01  WATTS
```

(b) 小信号静态工作点部分

```
****    SMALL-SIGNAL CHARACTERISTICS
V(R_RL)/V_US = 6.667E-01 ─────────── 直流增益
INPUT RESISTANCE AT V_US = 9.000E+00 ─────── 输入阻抗
OUTPUT RESISTANCE AT V(R_RL) = 7.000E+00 ─────── 输出阻抗
```

(c) 小信号特性分析部分

```
DC SENSITIVITIES OF OUTPUT V(R_RL) ─────── 直流灵敏度
ELEMENT       ELEMENT          ELEMENT        NORMALIZED
NAME          VALUE            SENSITIVITY    SENSITIVITY
                               (VOLTS/UNIT)  (VOLTS/PERCENT)

R_R1          3.000E+00        -8.889E-01     -2.667E-02
R_R2          5.000E+00        -8.000E-06     -4.000E-07
R_R3          6.000E+00        4.444E-01      2.667E-02
R_RL          1.000E+06        5.600E-11      5.600E-07
V_US          1.200E+01        6.667E-01      8.000E-02
```

(d) 直流灵敏度分析部分

图 3-37　静态工作点分析输出文档

Bias Point 法是电路内仅有直流电源、其他电源不起作用(即电压源支路短路、电流源支路开路)时,所求的各个节点电压值(在输出文件内)。所以也是一种直流计算。如果只想

知道各个节点电压、支路电流和功率时,选择菜单 PSpice/Run 命令进行分析后,可以单击
快捷按钮 ⓥ 、ⓘ 和 ⓦ 即可,如图 3-38 所示。

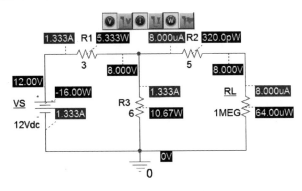

图 3-38 Bias Point 法

第 4 章

交流分析（.AC）

PSpice 可对小信号线性电子电路进行（正弦稳态）交流分析，此时半导体器件皆采用其线性模型（多用 EM2 模型）。它是针对电路性能因信号频率改变而变动所做的分析，它能够获得电路的幅频响应和相频响应以及转移导纳等特性参数。

4.1 交流分析

一个简单的 RLC 串联电路如图 4-1 所示。试用 OrCAD 对该电路电流频率响应进行交流分析。

1. 电路图的绘制

输入电路图名称（如 AC），绘制电路图。对于交流分析必须具有 AC 激励源，产生 AC 激励源的方法有以下两种：一种是调用 VAC 或 IAC 激励源；另一种是在已有的激励源（如 VSIN）的属性中加入属性 AC，并输入它的幅值。

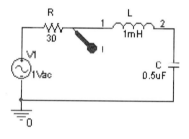

注意：信号源 V1 使用 Source.olb 库中的 VAC 模型，幅值取 1V、幅角为零度。这样做，V(R1)/VAC＝F（即为增益或放大倍数）。

图 4-1 RLC 串联电路

在电路图中设置电流探针。单击 图标，在欲测电流的元器件（如 R）支路上单击，放置电流探针，如图 4-1 所示。这样做在执行 PSpice 分析程序后不需要呼叫波形，探针测试的电流便自动出现在波形输出窗口，支路电压、节点电压和元器件功率也可类似地设置探针。

2. 创建新仿真文件

名称为"AC"，交流分析参数设置方法，如图 4-2 所示。

（1）在仿真设置对话框中选择分析标签 Analysis。

（2）在 Analysis type 的下拉列表框中选择 AC Sweep/Noise 进行交流分析。

（3）在 Options 列表框中选择 General Settings。

（4）在 AC Sweep Type 选项区域中选择 Linear，且在 Start Frequency（起始频率）文本框中输入"1000"，表示信号源 V1 从 1000Hz 开始扫描。在 End Frequency 文本框中输入"15000"，表示到 15kHz 结束扫描。在 Total Points 文本框中输入"100"，表示扫描 100 个点。高频时多用对数扫描，应选择 Logarithmic，此时在 Total Points 文本框中输入"10"，是

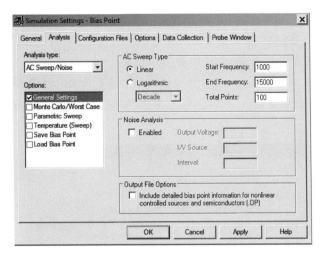

图 4-2 交流分析参数设置

表示对数间隔点之间扫描数(注意这个值不可以为零)。

（5）对于其他选项说明如下：

- Logarithmic\Decade 以 10 倍频对数方式扫描；
- Logarithmic\Octave 以 8 倍频对数方式扫描；
- Noise Analysis 噪声分析(详见第 4.4 节内容)。

3. 执行 PSpice 分析程序

其结果波形如图 4-3 所示。波形显示了电路中电流 I(R) 与信号源 V1 的工作频率的关系曲线。从曲线可以看出，电路电流在 7kHz 附近发生串联谐振，谐振时电路中电流值等于 33mA(1V/30Ω)，也可以用波形窗口上面的图标直接得出。曲线形状与串联谐振电路实验绘制的曲线相同。

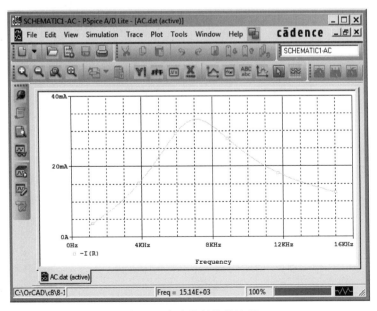

图 4-3 交流分析结果波形

其结果波形也是可调的。

（1）设置 X、Y 轴坐标范围

若对于电路仿真波形的 X 轴或 Y 轴范围不满意，可以在 X 轴或 Y 轴位置直接双击鼠标左键，或者选择菜单 Plot/Axis Setting 命令打开如图 4-4 所示的轴线设置对话框，分别选择 X Axis、Y Axis 标签页来设置 X、Y 轴坐标范围，设置完毕单击 OK 按钮，调整 X 轴、Y 轴后的 Probe 窗口如图 4-5 所示。

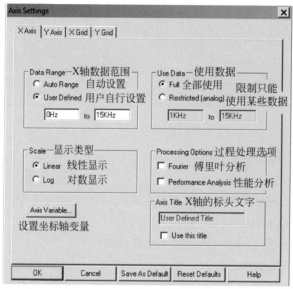

(a) X轴坐标设置

(b) Y轴坐标设置

图 4-4　设置 X、Y 轴坐标范围

（2）增加一条 Y 轴坐标

选择菜单 Polt/Add Y Axis 命令（或 Ctrl＋Y 组合键），多开启一个纵轴，然后选择菜单

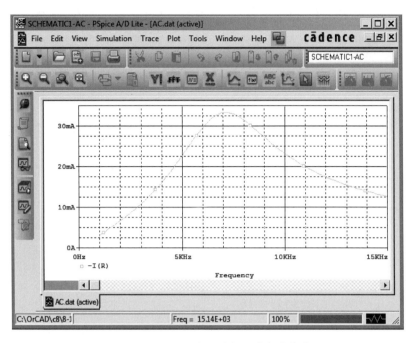

图 4-5   调整后的串联谐振电路实验曲线

Trace/Add Trace 命令，或者单击常用工具栏的 按钮，添加 DB(I(R:1))，出现如图 4-6
所示的图形。

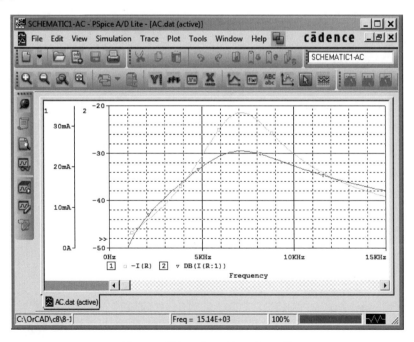

图 4-6   增加一条 Y 轴显示 DB 值

（3）调整网格线刻度范围

在轴线设置对话框中，分别选择 X Grid、Y Grid 标签页来设置 X、Y 轴网格线刻度范围,如图 4-7 所示,设置完毕单击 OK 按钮,调整后的 Probe 窗口如图 4-8 所示。

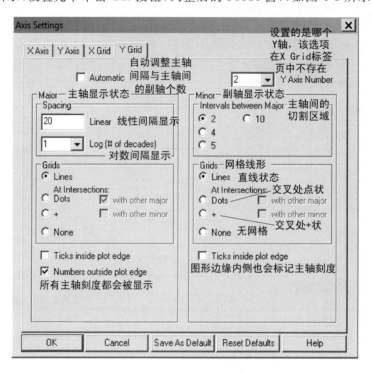

图 4-7　设置 X、Y 轴网格线刻度范围

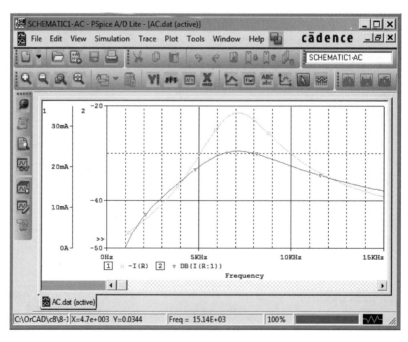

图 4-8　调整后的 Probe 窗口

4.2 交流的输出格式

交流分析完成后,交流的电压、电流输出格式通常用有效值。用户也可根据需要,将输出变量按表 4-1 中所列的格式输出。

表 4-1 交流输出变量的格式

交流输出变量	表示方式	举 例
电压或电流幅值	M	VM(R1:1)可表示为 V1M(R1)。1 为 R1 正参考节点的电压幅值。2 为 R1 的负参考节点
电压或电流幅角(相位角)	P	VP(R1)为 R1 两端的电压幅角
电压或电流实部	R	IRCE(Q1)为晶体管 Q1 的集电极和发射极的电压实部
电压或电流虚部	I	II(RL)为负载 RL 电流的虚部
电压或电流幅值/dB	DB	IDB(Q2:C)或 ICDB(2)为 Q2 的集电极电压分贝值
电压或电流的群时延	G	VG(OUT)为 OUT 节点的电压的群时延

注:电阻 R 虽然不分极性,但其两个管脚分别被命名为管脚 1 和管脚 2。

$$群时延(G) \overset{\text{def}}{=} - \frac{dP(相位)}{dF(频率)}$$

4.3 游标的功能

4.1 节中例题的分析结果如图 4-8 所示,它虽然直观,但要想从图形中得到精确的数值关系还需借助下面要介绍的游标(Cursors)功能。其对应的菜单如图 4-9 所示。

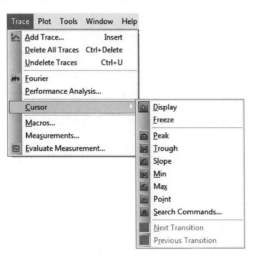

图 4-9 启动游标菜单

通常用其快捷按钮,如图 4-10 所示,具体功能见表 4-2。

图 4-10 游标的快捷按钮

表 4-2　各游标(快捷按钮)的功能

快捷方式	名　　称	含　　义
	Display/Freeze	启动游标/关闭游标
	Evaluate Measurement	测量结果窗口开/关
	Peak	定位光标在下一个最高点
	Trough	定位光标在下一个最低点
	Slope	定位光标在下一个最大斜率点
	Min	定位光标在最低点
	Max	定位光标在最高点
	Point	定位光标在下一个数据点
	Search Commands	搜寻命令
	Next Transition	定位光标在下一个数字转折点(有数字分析时才显亮)
	Previous Transitions	定位光标在前一个数字转折点(有数字分析时才显亮)
	Plot /Label /Mark	对光标所在点标值

例如,探测波形最高点的位置,可启动 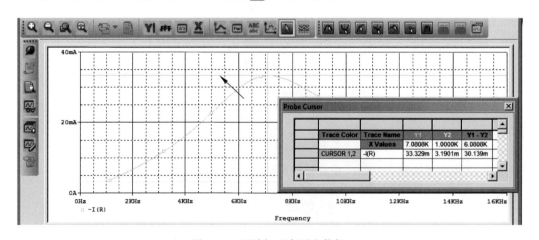,图形与数值如图 4-11 所示。

图 4-11　用游标观察测取数据

在用网表文件输入交流分析时其控制语句为：

.AC [LIN/OCT/DEC]< POINTS >< FSTART >< FSTOP >

其中：

[LIN/OCT/DEC]为频率扫描点的取样方式，LIN 为线性扫描，OCT 为倍频程(8dB)扫描，DEC 为数量级(10dB)扫描，LIN 用于较窄的频域分析，而 DEC 常用于宽频带分析；

<POINTS>频率间隔点之间的扫描点数；

<FSTART>和<FSTOP>分别为起始频率和终止频率。

举例：

.AC LIN 101 10HZ 200HZ
.AC DEC 10 1K 100MEG

.AC 语句前的"."不能少。为强调这点，有人称其为点语句。介绍这些的目的是对网表文件输入方式有一定的了解，同时也为了看懂 OUTPUT 文件。

4.4 噪声分析(.NOISE)

噪声分析就是针对电路中无法避免的噪声所做的分析。它是与交流分析一起使用的。电路中所计算的噪声通常是电阻上产生的热噪声、半导体元器件产生的散粒噪声和闪烁噪声。PSpice 交流分析的每个频率点上对指定输出端计算出等效输出噪声，同时对指定输入端计算出等效输入噪声。输出和输入噪声电平都对噪声带宽的平方根进行归一化，噪声电压的单位是 $V/\sqrt{Hz}$，噪声电流的单位是 $A/\sqrt{Hz}$。本节以共射极 BJT 放大电路为例(如图 4-12 所示)，说明如何进行噪声分析。

1. 电路图的绘制

绘制电路图、设置元器件的属性。得到如图 4-12 所示的共射极 BJT 放大电路图。

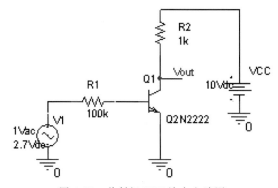

图 4-12 共射极 BJT 放大电路图

2. 分析参数的设定

打开 Simulation Settings 对话框，在 Analysis 标签页中，Analysis Type 设置为交流分析，频率范围从 1k～100meg。

在 Noise Analysis 选项区域设置噪声分析选项：

- 选择 Enabled 按钮,选中噪声分析;
- 在 Output Voltage 文本框中输入 V(out),表示针对此节点电压做噪声分析;
- 在 I/V Source 文本框中输入 V1,表示每一噪声源以均方根值等效移至此电源处;
- 在 Interval 文本框中输入 20,表示每隔 20 个频率点便在文字输出档中输出一份噪声资料,如图 4-13 所示;
- 单击 OK 按钮,结束噪声分析的设置。

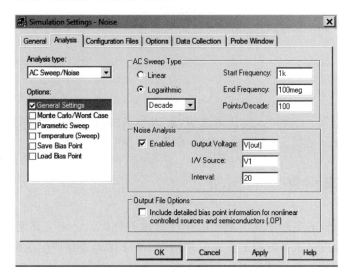

图 4-13　噪声分析的参数设置

3. 执行 PSpice 程序

选择菜单 PSpice/Run 命令,进行 PSpice 程序分析。呼叫以下波形:V(INOISE)、V(ONOISE)、DB(V(INOISE))、DB(V(ONOISE)),结果如图 4-14 所示。

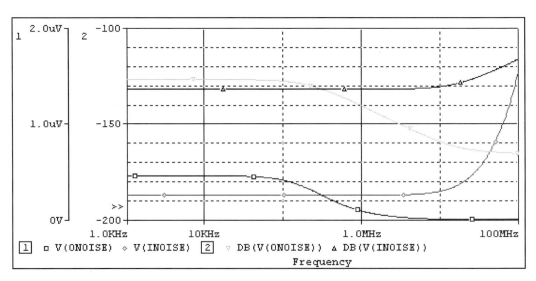

图 4-14　噪声分析结果

4．查看输出文档

选择 View/Output File 命令，可以看到噪声分析文字输出结果，如图 4-15 所示。

```
** Profile: "SCHEMATIC1-NOISE"   [F:\orcad e.g\1-8\NOISE-PSpiceFiles\SCHEMATIC1\NOISE.sim ]
****     NOISE ANALYSIS                    TEMPERATURE =   27.000 DEG C
**********************************************************************************
          FREQUENCY =   1.000E+03 HZ
****  TRANSISTOR SQUARED NOISE VOLTAGES (SQ V/HZ)
            Q_Q1
RB        5.329E-19
RC        3.058E-23
RE        0.000E+00
IBSN      2.084E-13
IC        1.047E-15
IBFN      0.000E+00
TOTAL     2.095E-13
****  RESISTOR SQUARED NOISE VOLTAGES (SQ V/HZ)
            R_R2        R_R1
TOTAL     1.519E-17   5.329E-15
****  TOTAL OUTPUT NOISE VOLTAGE      =  2.148E-13 SQ V/HZ
                                      =  4.635E-07 V/RT HZ
        TRANSFER FUNCTION VALUE:
          V(V OUT)/V_V1               =  1.793E+00
        EQUIVALENT INPUT NOISE AT V_V1 =  2.585E-07 V/RT HZ
```

图 4-15　噪声分析文字输出结果

<table>
<tr><td>第 5 章
CHAPTER 5</td><td># 瞬态分析 (.TRAN)</td></tr>
</table>

    PSpice 可对大信号非线性电子电路进行瞬态分析,即是求电路的时域响应,故也称为时域(Time Domain)扫描。它可在给定激励信号情况下,求电路输出的时间响应、延迟特性;也可在没有任何激励信号的情况下,仅依电路存储的能量作用,求得振荡波形、振荡周期等。瞬态分析运用最多,也最复杂,而且是消耗计算机资源最多的部分。

5.1 瞬态分析

    一阶 RC 电路如图 5-1 所示。试利用 PSpice 分析电路的时域响应(瞬态分析)。

1. 电路图的绘制

    输入电路图名称(如 RC),绘制电路图。激励为电压脉冲源,选用 Source. olb 库中的 VPULSE。

    电压脉冲源需要设置参数。选中 VPULSE 图形后单击鼠标右键,选择 Edit Properties 命令,打开如图 5-2 所示的参数编辑窗口。

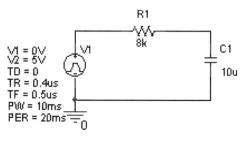

图 5-1 RC 一阶电路

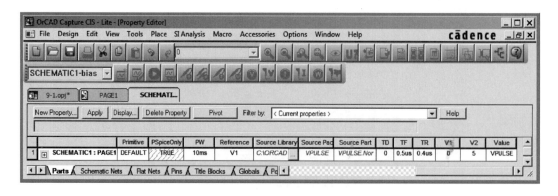

图 5-2 VPULSE 参数编辑窗口

点击各列参数下面的区域,分别输入相应的数值:V1＝0V(初始值),V2＝5V(幅值),TR＝0.4μs(上升时间),TF＝0.5μs(下降时间),TD＝0(延迟时间),PW＝10ms(脉冲宽度),PER＝20ms(周期)。PSpice库中存有多种类型瞬态分析电压(电流)激励源供调用,脉冲源是其中之一。

2. 创建新仿真文件

创建一个名称为 TD 的仿真文件,分析参数设置方法如图 5-3 所示。

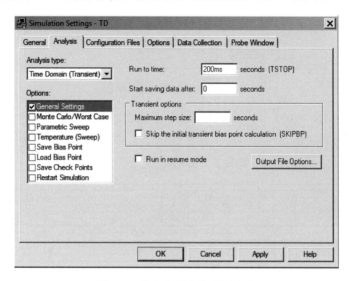

图 5-3 瞬态分析参数设置方法

参数设置说明如下。

(1) Analysis type 的下拉列表中选 Time Domain(Transient)(时域(瞬态))进行瞬态分析,在 Options 多选项中选择 General Settings。

(2) 在 Run to time 文本框处输入 200ms,表示模拟运行终止时间。

(3) 在 Start saving data after 文本框中输入 0,表示瞬态分析文件或波形输出的起始时间,如果不为 0(如 50ms),程序仍然从零点开始计算,只是开始时间前的波形不显示,也不存入文档。

(4) 最大阶跃长度(步长值)(Maximum step size)通常不必设置,利用默认值。如设置则一定要适度,因为太小的设置会导致模拟分析时时间加长,并产生大量的数据文件。

(5) 若选择 Skip the initial transient bias point calculation,表示在瞬态分析时跳过初始偏置工作点的计算,有时也用在当电路存在多个可能的初始条件的时候,作为振荡器使用。

(6) 若要对瞬态分析输出文件选项进行设置,可单击 Output File Options 按钮,设置对话框如图 5-4 所示。

3. 执行 PSpice 分析程序

结果波形见图 5-5 所示,其中脉冲波是输入的矩形脉冲,VC 是输出波形。由于电路的参数:

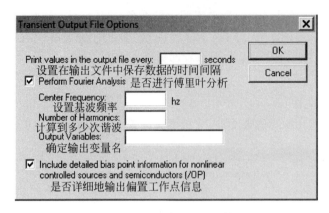

图 5-4 输出文件设置对话框

$R1 = 100\Omega, \tau = RC = 100 \times 10 \times 10^{-6} = 1\text{ms}$

而矩形输入脉冲的周期是 20ms,因此本例中的 RC 电路为微分电路,输出电压波形仍是矩形波,而电流波形是一个尖顶波,如图 5-5 所示。

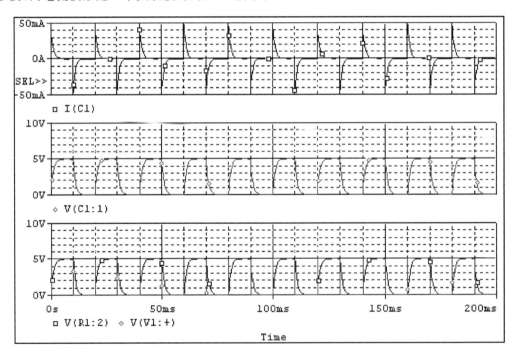

图 5-5 微分电路

当 $R1 = 2\text{k}\Omega$(或者大于 2kΩ),此时 $\tau = RC = 2000 \times 10 \times 10^{-6} = 20\text{ms}$(或大于 20ms),RC 电路已经成为积分电路,输出的电压波形已经变换成三角波。在波形输出窗口中可以观察到电容的动态充电过程,即其平均电压值在升高,开始时,是"充得多,放得少",电容电压开始"爬坡",大约在 80ms 后达到动态平衡,即是电容电压"充多少,放多少",保持一个稳定值,如图 5-6 所示。这种现象在通常无存储的示波器上是观察不到的。

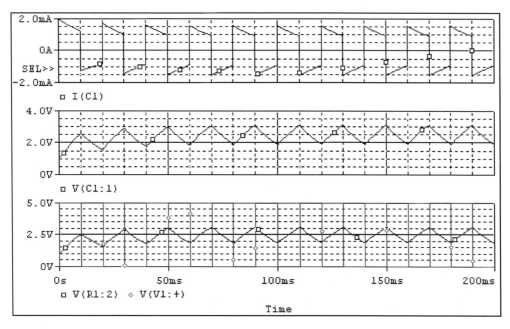

图 5-6　积分电路 VC 的"爬坡过程"

5.2　瞬态源的类型

做直流分析时是用 VDC 或 IDC 独立源；做交流分析时，用的是 VAC 或 IAC 独立源（可同时设置 DC 分析）。做瞬态分析时，常用的有 7 种独立源（皆可同时设置 DC、AC 分析）。

1. 脉冲波 VPULSE（Pulse）、IPULSE

在 Capture 选定 VPULSE 图形，单击鼠标右键选择 Edit Properties 命令，打开如图 5-7 所示的参数编辑窗口。

New Property...	Apply	Display...	Delete Property		Pivot		Filter by:	< Current properties >			▼	Help		
			Primitive	PSpiceOnly	PW	Reference	Source Library	Source Pac	Source Part	TD	TF	TR	V1	V2	Value
1	SCHEMATIC1 : PAGE1	DEFAULT	TRUE			V1	C:\ORCAD		VPULSE	VPULSE.Nor						VPULSE

图 5-7　参数编辑窗口

参数的设置见表 5-1。

表 5-1　脉冲源 VPULSE、IPULSE 参数的设置

参　　数	含　　义	单　　位
V1 或 I1	初始值	V 或 A
V2 或 I2	脉动值	V 或 A
TD	延迟时间	s
TR	上升(沿)时间	s
TF	下降(沿)时间	s
PW	脉冲宽度	s
PER	周期	s

例如设定参数如下,V1＝0,V2＝1,TD＝1U,TR＝0.4U,TF＝0.6U,PW＝2U,PER＝6U,可得如图 5-8 所示的波形。

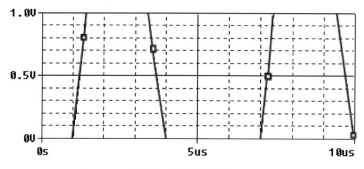

图 5-8 脉冲源波形

2. 正弦源 VSIN(Sinusoidal Waveform)、ISIN

操作方法同上,参数的设置见表 5-2。

表 5-2 正弦源 VSIN、ISIN 参数的设置

参　　数	含　　义	单　　位
VOFF 或 IOFF	直流偏移电压	V 或 A
VAMPL 或 IAMPL	振幅	V 或 A
FREP	频率	Hz
TD	延迟时间	s
DF	阻尼系数	1/s
PHASE	相位延迟	度(°)

例如设定参数如下,VOFF＝1,VAMPL＝9,FREP＝1meg,TD＝1u,DF＝0.4meg,PHASE＝0,可得如图 5-9 所示的波形。

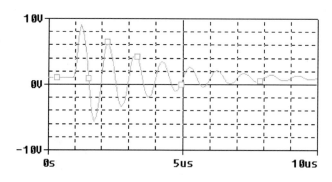

图 5-9 正弦波电源波形

其数学表达式为

$$V_{off} + V_{ampl} e^{-d_f(t-t_d)} \mathrm{SIN}(2\pi f(t - t_d) - \theta)$$

如 VOFF＝0(这个零必须填写),TD＝0,DF＝0 就是通常用的正弦源,$u_i = V_m \mathrm{SIN}(\omega t - \theta)$。

3．指数源 VEXP(Exponential Waveform)或 IEXP

参数的设置见表 5-3。

表 5-3　指数源 VEXP 或 IEXP 参数的设置

参　数	含　义	单　位
V1 或 I1	初始值	V 或 A
V2 或 I2	脉动值	V 或 A
TD1	上升延迟时间	s
TC1	上升时间常数	s
TD2	下降延迟时间	s
TC2	下降时间常数	s

例如设定参数如下：V1＝2V，V2＝10V，TD1＝1ms，TC1＝0.3ms，TD2＝5ms，TC2＝0.5ms，可得如图 5-10 所示的波形。

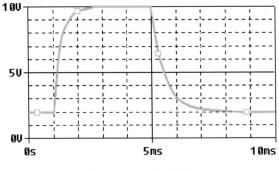

图 5-10　指数源波形

4．分段线性源 VPWL(Piece-WuseLinear)或 IPWL

以坐标方式输入波形，每对值(T1，V1 或 I1)确定了时间 t＝T1 时分段线性波的值 V1，中间值用线性插值方法来确定。例如设定参数如下 T1＝0，V1＝1V，T2＝10ns，V2＝2V，T3＝15ns，V3＝2V，T4＝20ns，V4＝4V，T5＝25ns，V5＝0V 可得如图 5-11 所示的波形。

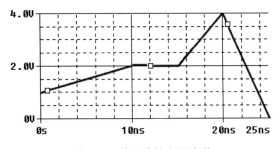

图 5-11　分段线性电源波形

有了分段线性源，就可以对各种信号波形都可以进行描述——用直线段逼近曲线。

5．周期性折线源 VPWL_ENH 或 IPWL_ENH

这种电源实际是分段线性源的一个简化，其参数的设置见表 5-4。

表 5-4 周期性折线源参数的设置

参数	含义	单位
TSF	时间基准值	s
VSF 或 ISF	电压或电流基准值	V 或 A
FIRST_nPAIRS	转折点的坐标对	无
SECOND_nPAIRS	转折点的坐标对	无
THIRD_nPAIRS	转折点的坐标对	无
REPEAT_VALUE	重复次数	次数

例如设定参数如下：TSF＝0.5s，VSF＝5V，坐标对为(0，－1)(1,1)(2,－1)，REPEAT_VALUE＝3，可得如图 5-12 所示的波形。

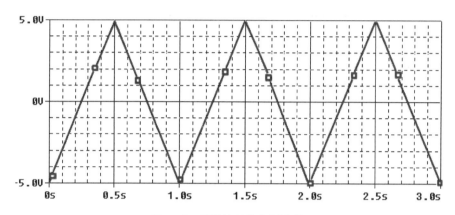

图 5-12 周期性折线电源波形

6. 单频调频源 VSFFM(Singl-Frequency Frequency-Modulated)或 ISFFM

参数的设置见表 5-5。

表 5-5 单频调频波 VSFFM 或 ISFFM 参数的设置

参　　数	含　　义	单　　位
VOFF 或 IOFF	直流偏移电压	V 或 A
VAMPL 或 IAMPL	振幅	V 或 A
Fc	载波频率	Hz
Mod	调制指数	无
Fm	调制信号频率	Hz

其数学表达式为：
$$V_{off} + V_{ampl} \times \sin(2\pi \times F_c \times T + M_{od} \times \sin(2\pi \times F_m \times T))$$

例如设定参数如下：VOFF＝0.5V，VAMPL＝4V，Fc＝1.5kHz，Mod＝40，Fm＝300Hz，可得如图 5-13 所示的波形。

7. 通用信号源 VSRC 或 ISRC

通用信号源具有直流分析、交流(频域)分析、瞬态(时域)分析这三种分析类型的的特性，按照 PSpice 网表文件的语法可设置任何一个或全部分析类型的参数，参数设置见表 5-6。

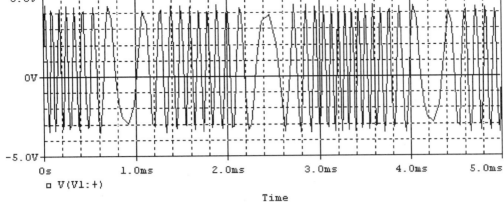

图 5-13　单频调频波电源波形

表 5-6　通用信号源参数设置

参　数	含　义
DC	直流数值
AC	频域分析参数
TRAN	时域分析类型(参数)

这里时域分析类型是前面介绍的 EXP(指数信号源)、PULSE(脉冲信号源)、PWL(折线信号源)、SFFM(调频信号源)和 SIN(正玄信号源),参数与具体的时域分析类型的参数相对应。

其他瞬态源与之相类似,不一一介绍。有关数字信号源,将在进阶部分的数字电路分析中予以说明。

5.3　傅里叶分析(.FOUR)

傅里叶分析是在大信号正弦瞬态分析时,对输出的最后一个周期波形进行谐波分析,计算出直流分量、基波和第 2～9 次谐波分量以及失真度。本节以反相运放电路为例,如图 5-14 所示,说明如何进行傅里叶分析。

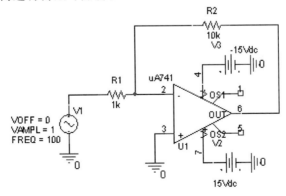

图 5-14　反相运放电路图

1. 电路图的绘制

绘制电路图、元器件属性的设置,得到如图 5-14 所示的反相运放电路图。

2. 分析参数的设定

打开 Simulation Settings 对话框,选择 Analysis 标签页,进入模拟设置画面中。

Analysis type 设置为瞬态分析,运行时间为 100ms,如图 5-15 所示。

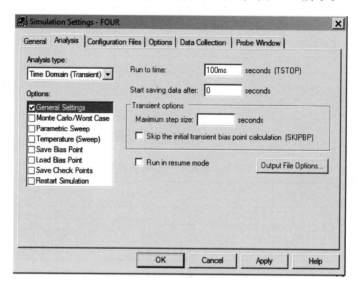

图 5-15　瞬态分析参数设置

对瞬态分析输出文件选项进行设置,设置傅里叶分析基波频率为 100Hz,计算到 9 次谐波,输出变量为 V(U1:OUT),如图 5-16 所示。

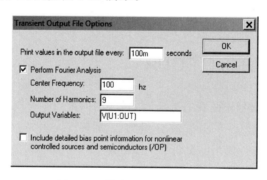

图 5-16　输出文件设置对话框

3. 运行傅里叶分析程序

选择菜单 PSpice/Run 命令,或单击工具栏图标 ▶ 进行分析。呼叫 V(U1:OUT)瞬态波形,结果如图 5-17 所示。

单击 按钮,进行傅里叶分析,结果如图 5-18 所示。

如果峰值电压增加,则输出电压峰值将逐渐达到饱和电压,这个饱和电压由运放的正负直流电压源决定。比如,当输入电压幅度为 1.8V 时,得到的是一个被“剪切”的输出电压波形,如图 5-19 所示。

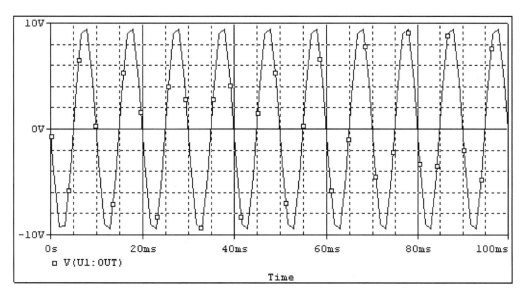

图 5-17 瞬态分析结果

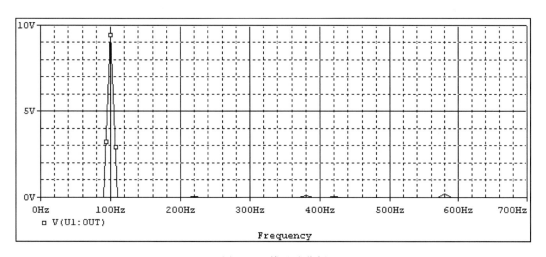

图 5-18 傅里叶分析

由图 5-19 可知,此时的输出波形已经产生饱和,因为电压波形不再是标准的正弦波,因此可以想象,该函数的频谱在谐波频率上具有非零值,傅里叶分析结果如图 5-20 所示。

达到饱和以后,输出信号将会变形,不再是一个平滑的 100Hz 的波形,而是 100Hz 的基波和谐波的叠加。这时,从理论上说输出谐波的数目为无穷多,不过从图 5-20 中可以看出,大部分的能量都集中在前面几个谐波中。

更极端的是,当输入的电压为 15V 时,输出波形将产生严重失真,如图 5-21 所示。

由图 5-21 可知,此时的输出波形已经产生深度饱和,这时其频谱只含有偶次谐波,傅里叶分析结果如图 5-22 所示。

达到深度饱和以后,相对基频(100Hz)能量而言,谐波能量有了很大增加。

4. 查看文字输出文档

选择菜单 View/Output File 命令,可以看到傅里叶分析的文字结果,如图 5-23 所示。

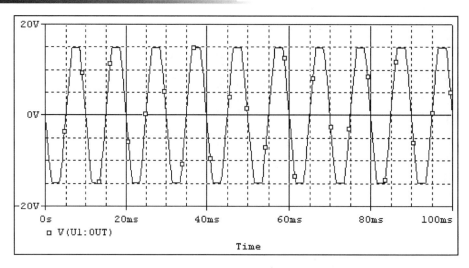

图 5-19 输入为 1.8V 正弦电压时的输出仿真结果

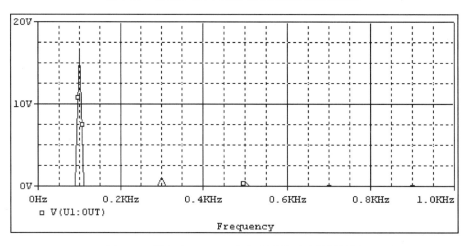

图 5-20 输入为 1.8V 正弦电压时傅里叶分析结果

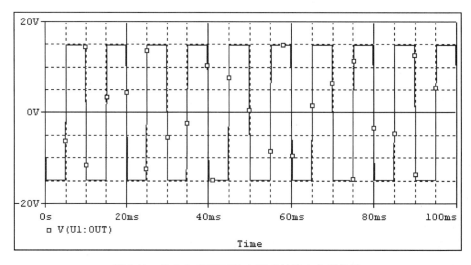

图 5-21 输入为 15V 正弦电压时的输出仿真结果

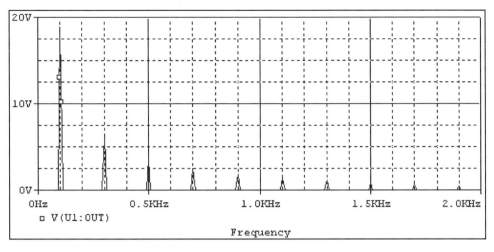

图 5-22 输入为 15V 正弦电压时的傅里叶分析结果

```
** Profile: "SCHEMATIC1-bias"   [ F:\orcad e.g\1-10\four-pspice files\schematic1\bias.sim ]
****     FOURIER ANALYSIS                 TEMPERATURE =    27.000 DEG C
***************************************************************************************
FOURIER COMPONENTS OF TRANSIENT RESPONSE V(N00266)
 DC COMPONENT =  -2.151364E-02
HARMONIC  FREQUENCY   FOURIER    NORMALIZED    PHASE    NORMALIZED
 NO         (HZ)     COMPONENT   COMPONENT     (DEG)   PHASE (DEG)

  1      1.000E+02    9.501E+00   1.000E+00   -1.798E+02   0.000E+00
  2      2.000E+02    4.575E-02   4.815E-03   -1.020E+02   2.576E+02
  3      3.000E+02    4.362E-02   4.591E-03   -1.075E+02   4.319E+02
  4      4.000E+02    4.299E-02   4.525E-03   -1.106E+02   6.086E+02
  5      5.000E+02    4.307E-02   4.533E-03   -1.171E+02   7.819E+02
  6      6.000E+02    4.205E-02   4.426E-03   -1.236E+02   9.553E+02
  7      7.000E+02    2.318E-01   2.440E-02   -1.447E+02   1.114E+03
  8      8.000E+02    3.866E-02   4.069E-03   -1.305E+02   1.308E+03
  9      9.000E+02    8.236E-02   8.669E-03    2.502E+01   1.643E+03

    TOTAL HARMONIC DISTORTION =    2.814066E+00 PERCENT
```

图 5-23 傅里叶分析的文字结果

图 5-23 中列出了直流分量是 -21.5mV,还给出了基波(I1)和第 2~9 次谐波的幅度(Ik)、相位值以及归一化的幅度、相位值。最后给出了总的谐波失真度 D 为 2.814066%,D 值越小,表示此电路的线性程度越好。失真度(D)的定义如下:

$$D = \frac{\left(\sqrt{\sum_{k=2}^{9} I_k^2} \right)}{I_1} \times 100\%$$

第 6 章

温度分析与参数分析

本章介绍其他一些辅助分析：温度分析(. TEMP)和参数分析(. PARAMETERS)。

6.1 温度分析(. TEMP)

PSpice 中所有的元器件参数和模型参数都设定为常温下的值(常温默认值为 27℃)，在进行基本分析的同时，可以用温度分析指定不同的工作温度。比如，电视机应在从-10℃至+40℃能正常运行，此时就要做不同的温度分析。若同时指定了几个不同的工作温度，则对每一个温度都要进行一次相应的电路分析。当温度低于绝对零度(-273℃)时不能模拟。在直流、交流、瞬态三大分析中，都能对元器件参数和模型参数进行温度分析。本节主要以简单的共射极 BJT 放大电路为例，如图 6-1 所示，说明如何进行温度分析。

6.1.1 电路图的绘制

绘制电路图、设置元器件的属性，得到如图 6-1 所示的共射极 BJT 放大电路图。

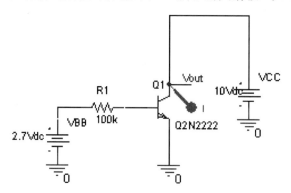

图 6-1　共射极放大电路

6.1.2 分析参数的设定

选择菜单 PSpice/Edit Simulation Setting 命令，或其对应的工具栏图标，打开仿真参数设置界面，在该界面中：

(1) Analysis type 选择直流分析 DC Sweep。

（2）Options 多选项中：

选择 Primary Sweep，Sweep variable 单选项中选择 Voltage source，在 Name 文本框中输入 VCC；Sweep type 单选项中选 Linear，Start value 文本框中输入 0V，End value 文本框中输入 10V，Increment 文本框中输入 0.01V。

选择 Secondary Sweep，Sweep variable 单选项中选择 Voltage source，在 Name 文本框中输入 VBB；Sweep type 单选项中选 Linear，Start value 文本框中输入 0V，End value 文本框中输入 10.7V，Increment 文本框中输入 2V。

选择 Temperature（Sweep），在右侧选项中选择 Repeat the simulation for each of the temperatures，并在其文本框中输入"0 27 40 125"，中间用空格隔开。此选项是设置若干个温度同时分析。

而选项 Run the simulation at temperature 是设置在指定的温度下进行模拟。

单击 OK 按钮，结束设置，如图 6-2 所示。

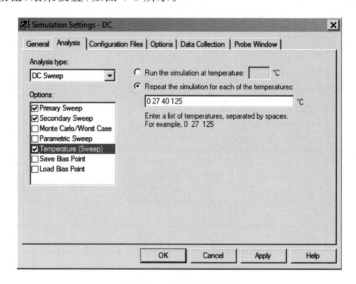

图 6-2 分析设置画面

6.1.3 执行 PSpice 程序

在如图 6-1 所示的电路图中设置了电流探针 I，以便在执行 PSpice 仿真后直接显示出该探针所测的三极管集电极电流 IC(Q1)。

选择菜单 PSpice/Run 命令，或其对应的工具栏图标，打开 PSpice A/D 窗口执行模拟功能，进行分析。

模拟结束后，打开如图 6-3 所示的对话框。

此对话框告诉使用者有 4 项模拟结果的波形资料，分别对应 4 个环境温度可供选择。可以在任一行上单击，则该列的反白会消失，表示不显示此部分结果，最后单击 OK 按钮结束对话框，即可得到如图 6-4 所示的分析结果。

4 条曲线分别对应温度为 0℃、27℃、40℃、125℃时的波形。

图 6-4 中 4 条曲线（IC(Q1)前面 4 个曲线符号对应 4 条曲线）分别对应温度为 0℃、

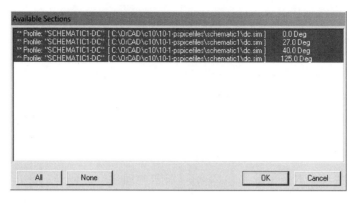

图 6-3　模拟结果选择

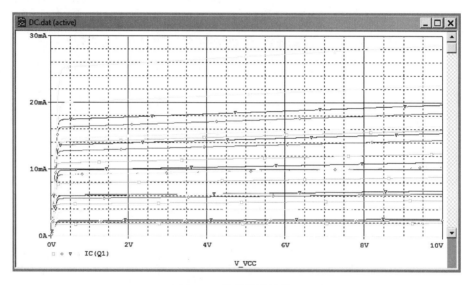

图 6-4　温度分析结果

27℃、40℃、125℃时的波形。温度分析结果显示：温度升高，输出特性曲线也随之上移，这一点还可以通过表 6-1 看出。

表 6-1　硅管参数随温度的变化

T/℃	ICO/nA	β(Bf)	VBE/V
−65	0.2×10^{-3}	20	0.85
25	0.1	50	0.65
100	20	80	0.48
175	3.3×10^{-3}	120	0.3

　　从电子电路理论分析得知：I_{co}、B_f、V_{be} 随温度升高[1]的结果，都集中表现在 Q 点电流 I_c 的增大上，因此，设法在温度变化时，使 I_c 近似不变，就成为解决问题的关键。一般是在设

---

① PSpice 模型参数中已包含温度变化因素在内。

计电路上让 I_{co}、V_{be} 随温度升高时能自动减小，以求 I_c 的稳定。

6.1.4　查看文字输出档

选择菜单 View/Output File 命令可以看到温度分析的文字结果，如图 6-5 所示，为温度 125℃时的元件模型参数值。从此文档中，我们可以得知环境温度不同时，计算出来的三极管 Q2N2222 模型参数值不同。

```
** Profile: "SCHEMATIC1-DC"  [ C:\OrCAD\c10\10-1-pspicefiles\schematic1\dc.sim ]
****     TEMPERATURE-ADJUSTED VALUES      TEMPERATURE = 125.000 DEG C
*****************************************************************************
**** BJT MODEL PARAMETERS

                  Q2N2222

          BF      3.910E+02
          ISE     5.810E-11
          VJE     5.727E-01
          CJE     2.430E-11
          RE      0.000E+00
          RB      1.000E+01
          BR      9.307E+00
          ISC     0.000E+00
          VJC     5.727E-01
          CJC     7.994E-12
          RC      1.000E+00
          RBM     1.000E+01
          IS      1.295E-09
          ISS     0.000E+00
          VJS     5.727E-01
          CJS     0.000E+00
        GAMMA     1.000E-11
          RCO     0.000E+00
          VO      1.000E+01
```

图 6-5　温度分析的文字结果(125℃部分)

6.2　参数分析(.PARAMETERS)

参数分析就是针对电路中的某一参数在一定范围内作调整，利用 PSpice 分析得到清晰易懂的结果曲线，迅速确定出该参数的最佳值，这也是用户常用的优化方法。如果严格一点说，前面所讲的直流分析是随电源值步进，交流分析是随频率值步进，都是参数分析。

参数分析是用于判别电路响应与某一元器件值之间关系的模拟方式，所以必须和其他基本分析搭配使用。下面以 RLC 电路为例，用 PSpice 参数分析研究电路品质因数对电流频率响应的影响。

6.2.1　电路图的绘制

输入电路图名称(如 RLC)，绘制电路图，如图 6-6 所示。注意：电路中变化的参数是 R，在属性编辑时，其值用{R}代替。

另外需要放置 PARAMETERS 元件，它位于 SPECIAL 库中，元件名称为 PARAM。设置 PARAM 属性，双击字符 PARAMETERS，单击 New Property 按钮，出现图 6-7 所示的 Add New Property 对话框。在 Name 文本框中输入 R，在 Value 文本框中输入 R 的值为 30，单击 OK 按钮，关闭对话框。

每一个 PARAM 符号中均可以填入 3 个参数及其对应值。由于参数分析一次只能对一个参数进行分析模拟，若读者设定了多个参数，则模拟过程中其他参数以其基准值参与计算。若多个参数中的某个参数 A 又用到参数 B，则参数 B 必须设置在参数 A 之前。

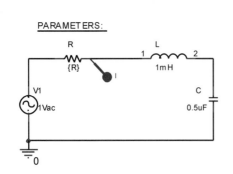

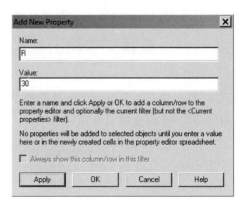

图 6-6　对参数 R 进行分析时的 RLC 串联电路图　　　　图 6-7　PARAMETERS 参数编辑

6.2.2　分析参数的设定

打开仿真参数设置对话框,选择 Analysis 标签页。在 Analysis type 的下拉列表框中选 AC Sweep/Noise 进行交流分析,如图 6-8 所示。

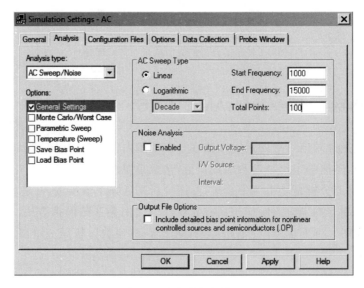

图 6-8　参数分析的设置

在 Options 多选框中选择 Parametric Sweep,分析参数设置方法如图 6-9 所示。

在 Sweep variable 单选项中选 Global parameter,且在 Parameter name 文本框中输入 R,表示对参数 R 进行分析(此值为虚拟值 R,与{}内所写的相同)。在 Sweep type 单选项 中选择 Linear,即做线性扫描分析。在 Start value 文本框中输入 30,表示 R 从 30Ω 开始扫描;在 End value 文本框中输入 70,表示 R 到 70Ω 结束扫描;在 Increment 文本框中输入 20,表示以 20Ω 为增量扫描。此设置要求 PSpice 对 R 为 30Ω,50Ω,70Ω 三种情况进行交流分析。

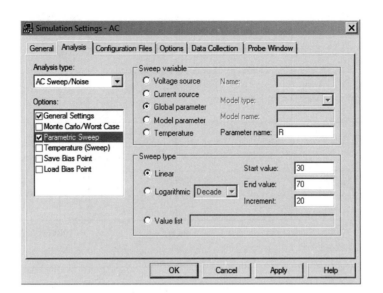

图 6-9　参数分析的设置

6.2.3　执行 PSpice 程序

选择菜单 PSpice/Run 命令,或其对应的工具栏图标,打开 PSpice A/D 视窗执行模拟功能,进行分析。模拟结束后,打开如图 6-10 所示的对话框。

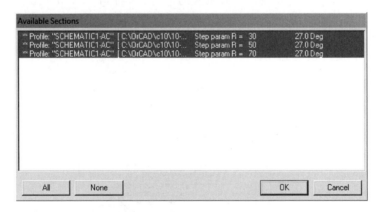

图 6-10　分批模拟结果的波形资料

此对话框告诉使用者有 3 项模拟结果的波形资料,单击 OK 按钮关闭对话框,即可得到如图 6-11 所示的分析结果。

图 6-11 波形显示了电路中电流"I(R1)"与信号源 V1 的工作频率的关系,同时还反映了电路品质因数对电路响应电流的影响。最上面的曲线是 R＝30Ω 时的电流响应;中间的曲线是 R＝50Ω 时的电流响应;最下面的曲线是 R＝70Ω 时的电流响应。从曲线可以看出,随着电路中电阻值的减小,电路品质因数在增大,曲线变得更加尖锐,表明选择性更好,响应电流增大,且电路中的串联谐振频率点不受电路电阻值的影响,都在 7kHz 附近发生串联谐振。

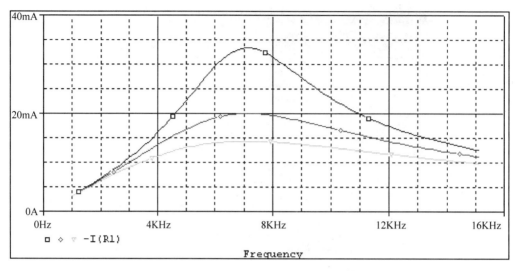

图 6-11　不同品质因数下的电流响应曲线

6.3　测量性能分析（Performance Analysis）

　　电路测量性能分析是在参数分析的基础上，定量地分析电路特性函数随某一个元器件参数的变化情况，对电路的优化设计也有很大的帮助。本节在 6.2 节参数分析的基础上，对 RLC 电路进行测量性能分析。

6.3.1　电路性能分析

1. 打开测量性能分析对话框

　　在 Probe 窗口中选择菜单 Trace/Performance Analysis 命令，打开如图 6-12 所示的对话框。

Performance Analysis

Performance Analysis allows you to see how some characteristic of a waveform (as measured by a Measurement) varies between several simulation runs that have a single variable (parameter, temperature, etc) changing between runs. For example, you could plot the bandwidth of a filter vs a capacitor value that changes between simulation runs.

Multiple simulation runs are required to use Performance Analysis. Each simulation is a different section in the data file.

Analog sections currently selected	3 of 3
Variable changing between sections	R
Range of changing variable	30 to 70 ohms

The X axis will be R.
The Y axis will depend on the Measurement you use.
If you wish, you may now select a different set of sections.

Choosing OK now will take you directly into Performance Analysis, where you will need to use Trace/Add to 'manually' add your Measurement, or expression of Measurements, to create the Performance Analysis Trace.

Instead, you may use the Wizard to help you create a Performance Analysis Trace.

OK　Cancel　Wizard　Help　Select Sections...

图 6-12　测量性能分析对话框

在图 6-12 中,主要是对测量性能分析注释说明,例如,参数的变化范围从 $30\Omega\sim70\Omega$,坐标变量名等。其中针对测量性能分析,主要可采用两种不同的操作方法,第一种是直接单击 OK 按钮,由用户自行选择菜单 Trace/Add 命令或者单击下 按钮,选择相应的电路特性函数来进行电路测量性能分析;另外一种方法是单击 Wizard 按钮,按照屏幕提示的操作方式分步骤地进行电路测量性能分析,本节介绍后一种操作方式。

2. 屏幕引导方式

(1)单击 Wizard 按钮后,打开如图 6-13 所示的引导说明。

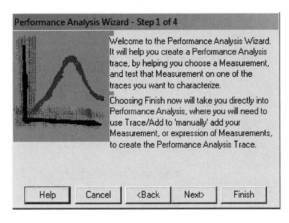

图 6-13　性能分析引导说明

(2)确定后,单击 Next 按钮,打开如图 6-14 所示的添加电路特性函数对话框,选择 Max 特性函数。

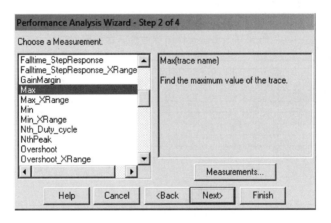

图 6-14　添加电路特性函数对话框

(3)单击 Next 按钮,打开如图 6-15 所示的电路特性函数自变量选择(Measurement)对话框,在 Name of trace to search 文本框中输入 I(R)。

(4)单击 Next 按钮,打开如图 6-16 所示的电路特性函数计算结果检验窗口。

用户认为该结果是合适的,可单击 Next 按钮,出现如图 6-17 所示的最终分析结果。

按以上的步骤,同样可以分析 RLC 串联谐振中心频率,如图 6-18 所示。

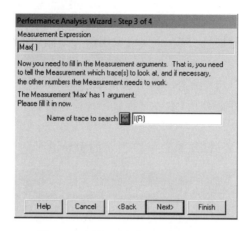

图 6-15　添加电路特性函数自变量

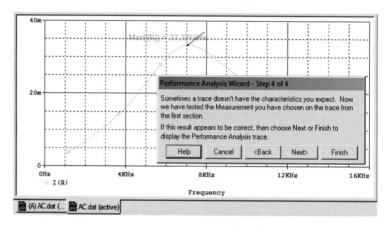

图 6-16　电路特性函数计算结果检验窗口

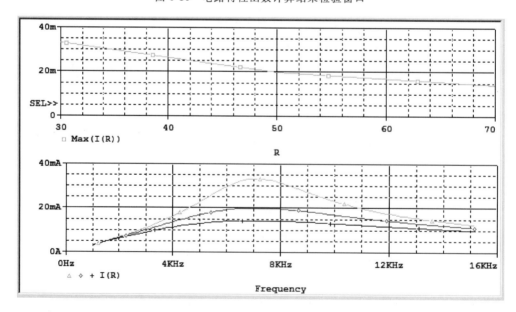

图 6-17　电路品质因数与电流的响应关系

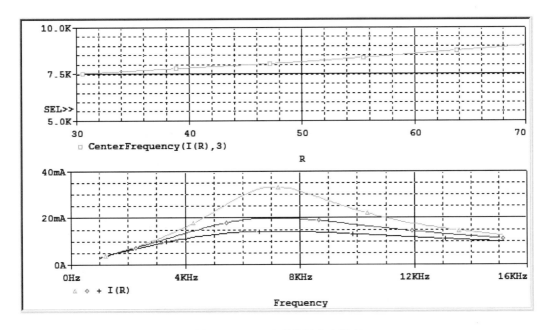

图 6-18　RLC 串联谐振中心频率

6.3.2　创建测量函数[①]

PSpice 中提供了 53 个测量函数,但是在实际的电路设计中,根据设计要求需要用户自己定义测量函数,进行电路测量性能分析解决实际电路问题。继续以 RLC 电路为例说明如何创建测量函数进行电路测量性能分析。

1. 打开新建测量函数对话框

在 Probe 窗口中,选择菜单执行 Trace/ Measurement 命令,在打开的对话框中单击 New 按钮,打开如图 6-19 所示的添加新测量函数对话框,在 New Measurement name 文本框中输入 PW,并选择保存的文件。

2. 测量函数编辑

单击 OK 按钮,打开编辑新测量函数对话框,具体设置如图 6-20 所示。

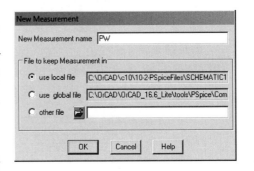

图 6-19　加新测量函数对话框

其中的语句表明,在分析中一共要搜索两个函数特性,分别是正向 50% 的斜率点和负向 50% 的斜率点。完成设置后单击 OK 按钮,关闭该对话框。

3. 调用新建测量函数

重新进行测量性能分析,选择菜单 Trace/Performance Analysis 命令或者单击 📊 按

---

① 关于测量函数的格式语句等请参见 OrCAD PSpice 使用说明。

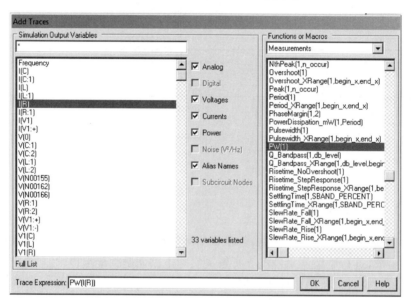

图 6-20　编辑新测量函数对话框

钮,直接单击 OK 按钮,选择菜单 Trace/Add Traces 命令或者单击 ⋀ 按钮,选择已定义的电路特性函数 PW 来进行电路测量性能分析,如图 6-21 所示。

图 6-21　选择电路特性函数

4. 测量结果

单击 OK 按钮,显示电路测量性能分析结果,如图 6-22 所示。

图 6-22 中显示,在负向的特性函数点没有搜索到,只有显示正向 50% 函数点。

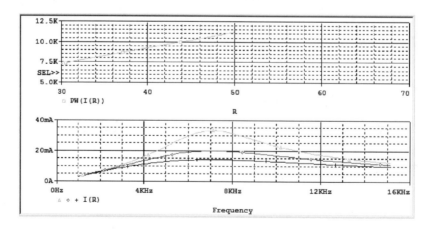

图 6-22　电路测量性能分析结果

6.4 参数分析例题

例 6-1 共射极放大电路如图 6-23 所示。试利用 OrCAD 参数分析讨论共射极放大电路的电压传输特性。

绘制电路图,创建名称为 DC 的仿真文件,分析参数设置方法如图 6-24 所示。

在 Analysis type 的下拉列表框中选择 DC Sweep 进行直流分析;在 Options 多选框中选择 Primary Sweep;在 Sweep variable 单选项中选择 Voltage soure,且在 Name 文本框中输入 V1,表示设定电压源 V1 为扫描变量;在 Sweep type 单选项中选择 Linear,即对 V1 做线性扫描分析。在 Start value 文本框中输入 0V,表示从 0V 开始扫描,在 End value 文本框中输入 1.5V,表示到 1.5V 结束扫描;在 Increment 文本框中输入 0.02V,表示以 0.02V 为增量扫描。

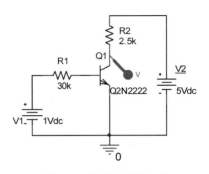

图 6-23 共射极放大电路

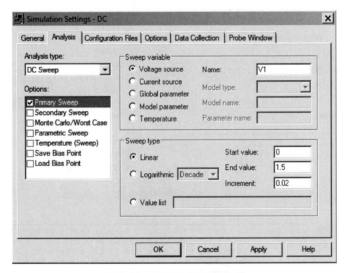

图 6-24 直流分析参数设置

执行 PSpice 分析程序,结果波形如图 6-25 所示。由波形图可知,当输入电压 V1 在 0~0.5V 范围内时,三极管截止,集电极输出电压最高为 5V;当输入电压 V1 在 1.05V 以上时,三极管饱和,集电极输出电压最低约为 0.2V 以下;当输入电压 V1 在 0.5V~1.05V 之间时,三极管处于放大区,集电极输出电压在 5V~0.2V 之间。

修改模型参数,如图 6-26 所示,选中 Q1,单击右键,在弹出的快捷菜单中选择模型参数编辑命令 Edit PSpice Model,提取该器件的模型参数值,如图 6-27 所示。

图 6-27 中模型参数的含义见附录 B。如依据实测 Bf=60、Cjc=3p、Cje=2p 将其值写入即可。

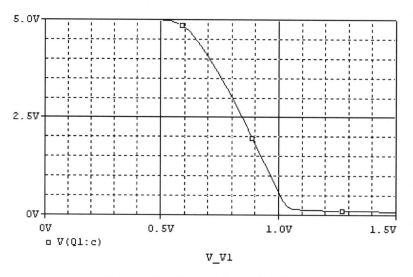

图 6-25　共射极放大电路电压传输特性

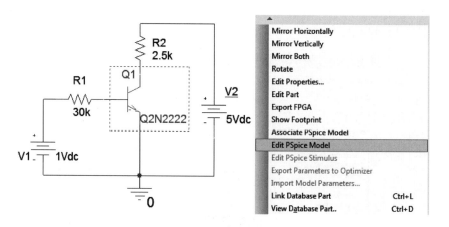

图 6-26　编辑模型参数

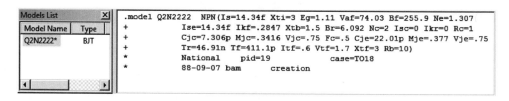

图 6-27　Q2N2222 模型参数

第 7 章

蒙特卡洛分析和最坏情况分析

7.1 概述

1. 蒙特卡洛分析的概念

在叙述前几章电路分析法时,就已经提过只将元器件视作理想元件,按标称值进行分析是不全面的。实际上,由于生产工艺的不同或老化等原因,元器件值与理想元器件值(称为标称值)之间,都存在一定的偏差。比如,标为 1kΩ 的电阻,如果偏差为 ±10%,那么实际元器件值可能是在 1.1kΩ~900Ω 之间的某一值。设计者不仅需要分析当电路元器件为标称值的电路响应,还需分析当电路元器件值在一定范围内变动时电路响应所发生的变化。所谓容差分析就是研究元器件参数值的变化(公差)对电路特性的影响(公差);或者相反,由给定的电路特性的公差,求元器件参数值的公差。一般来说,保证电路在性能指标范围内,尽可能地扩大元器件的容差范围以便降低成本,这是设计者几乎天天必须考虑的问题。

前面关于电路参数的计算,反映了电路参数的改变对电路特性影响的大小,这对设计人员来说无疑是重要的。然而很多情况下,并不能确切知道各个参数的实际改变量,而只是知道各个参数的随机分布规律或者是变化范围。在这种情况下,怎样来分析电路特性的随机分布规律或者它的相应变化范围,这就是容差分析所要讨论的问题。由于这种不确定性,容差分析一般用概率统计分析,而且多用蒙特卡洛法。

在计算机上进行蒙特卡洛分析时关键在于用计算机产生随机数。然后用一组一组的随机数对各元器件取值。元器件的分布规律有。

1) 均匀分布(FLAT)

任一元器件值在容差的上下限范围内以相等的概率出现,该类元器件值为均匀分布。又因其元器件偏差和出现频率图为矩形,所以也称矩形分布,实际上,这种分布是很少的,但因为它简单,PSpice 中用 DIST 设置元器件值的分散性,其默认值就是 FLAT。

例如:在 PSpice 中有"R=1K,DEV=5%"语句。就是作 MC 分析时,电阻 R 的统计分布是均匀分布。此时,R 的值为 1049Ω,1000Ω,969Ω,951Ω 的可能性是相同的,但 R 绝不可能是 940Ω,1051Ω。这些值可由下式计算

$$\text{Value}' = \text{Value} \times (1 + \text{rand} \times \text{tol}) \tag{7-1}$$

式中,Value'——修改后的参数值;

Value——原规定的参数值；

rand——计算机产生的随机数,随机数范围为$(-1,+1)$；

tol——用来说明 DEV 元器件(元器件单独变化)或 LOT 批(元器件相关变化)容差。

2）正态分布或称高斯(GAUSS)分布(常用)

设元器件值 p 的出现概率为

$$f(p) = \frac{1}{\sqrt{2\pi \times \sigma}} \exp\left[-\frac{(p-p_0)^2}{2\sigma^2}\right] \tag{7-2}$$

式中,元器件的标准偏差

$$\sigma^2 = \frac{1}{N-1} \sum_{i=1}^{n} (p_i - p_0)^2$$

元器件的平均值

$$p_0 = \frac{1}{N} \sum_{i=1}^{n} p_i \tag{7-3}$$

高斯(Gauss)分布如图 7-1 所示。

从图中可以看出,在高斯(Gauss)分布中,离平均值 3σ 以外元器件值出现的概率是极小的。元器件值在平均值的 $\sigma(\pm\sigma)$ 域内的概率 $p(\sigma)$ 为

$$p(\sigma) = \int_{p_0+\sigma}^{p_0+\sigma} f(p)\mathrm{d}p = 0.683 = 68.3\%$$
$$\tag{7-4}$$

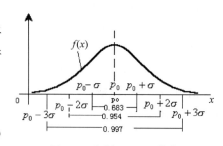

图 7-1　高斯(Gauss)分布

同理可得：

$$p(2\sigma) = 95.4\%$$
$$p(3\sigma) = 99.7\%$$
$$p(4\sigma) = 99.99\%$$

在多数情况下,用正态分布足以近似实际的概率分布了。现举例说明如下：

对 5000 只电阻的标称值为$(1k\pm10\%)\Omega$ 进行实际测量,依取得的测试数据画出频率分布直方图如图 7-2 所示。

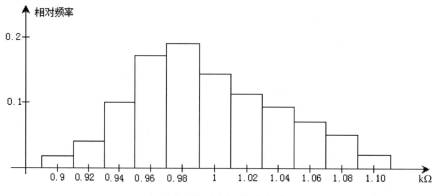

图 7-2　测试电阻的直方图

从图中可以看出,电阻值总是在 $900 \sim 1100\Omega$ 之间。依测试数据进行计算出 $p_0 = 992.9\%$;$\sigma = 43.6\Omega$;被测电阻容差为 10%;所有电阻值几乎都落在中心值 $\pm 2.7\sigma$ 的区域内;故用中心值与 $\pm 3\sigma$ 足以近似实际的概率分布。即取 $p_0 = 1k\Omega$,$\sigma = 33\Omega$。PSpice 中用 DIST 栏设置元器件值的分散性,常用的就是 GAUSS。

3)双峰分布(BSIMG)

即在正负容差边界处出现的概率最大。

4)斜峰分布(SKEW)

即在正、负容差两个方向出现的概率不相等。

5)自定义分布

若想得到构成电路元器件的准确分布,就必须进行实际测量以便取得精确数据,即测试和模拟相结合才能取得良好效果,这一点请读者留意。

蒙特卡洛法优点是对各种广泛问题都适用,并且十分灵活,该法也是在复杂条件下得到一个现实解的唯一可行的方法。不足之处是当电路模型不精确或者所用的概率分布不准确,这种计算将存在各种固有的误差。

2. 最坏情况分析的概念

最坏情况(Worst Case)是指电路中的元器件参数在其容差域边界点上取某种组合时所引起的电路性能的最大偏差。最坏情况分析(Worst Case Analysis,WCASE),就是在给定电路元器件参数容差的情况下,估算出电路性能相对标称值时的最大偏差。如存在最大偏差时都能满足设计要求,那当然是最佳方案。WCASE 分析是一种统计分析。

最坏情况分析也是变量一个一个地变化,即每进行一次电路分析,只有一个元器件的一个参数发生变化。因此,在最坏情况分析中不需要指定执行次数,执行次数完全由变量个数确定,一般情况下,执行次数为变量个数加 2。例如,有 10 个电阻可以变化,则最坏情况分析先进行标称值的电路模拟,然后 10 个电阻分别变化后进行 10 次电路模拟,就可以得到电路灵敏度特性对该变量导数,即

$$\begin{cases} \dfrac{\partial V}{\partial X_i} = \dfrac{\Delta V}{\Delta X_i}\bigg|_{\text{其余}X\text{不变}} \\ \Delta V = V\big|_{X_i\text{变化}} - V\big|_{\text{标称值}} \end{cases} \tag{7-5}$$

式中,V 表示任意电路性能函数(如 .DC、.AC 或 .TRAN 分析下的函数)。在得到灵敏度后,最后一次进行最坏情况分析。

如果有 n 个元器件参数需要变化,则

$$\Delta V = \frac{\partial V}{\partial X_1}\Delta X_1 + \frac{\partial V}{\partial X_2}\Delta X_2 + \cdots + \frac{\partial V}{\partial X_i}\Delta X_i + \cdots + \frac{\partial V}{\partial X_n}\Delta X_n \tag{7-6}$$

式中,ΔX_i 表示第 i 个变量的容差,ΔV 为容差范围内 V 的最大变化量(最坏情况)。这样一来,有 n 个变量将进行 $(n+2)$ 次电路特性分析。于是,10 个变量将进行 12 次电路特性分析。

下面介绍如何使用 Cadence OrCAD PSpice 进行这两种分析的方法。

7.2 蒙特卡洛分析(.MC)

差动放大电路如图 7-3 所示,使用前面讨论过的方法分析电路的不同特性,并且用蒙特卡洛分析方法分析电路元件误差对输出波形的影响。

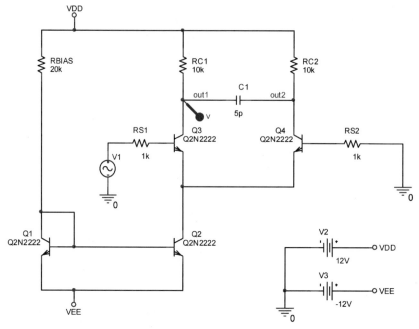

图 7-3　差动放大器

1. 电路图的绘制

输入电路图名称(如 CHD),绘制电路图。其中 V1 信号源取用正弦源,正弦源有 5 个参数需要设置:直流偏置电压(VOFF)——0V;振幅(VAMPL)——0.2V;频率(FREP)——5MEG;延迟时间(TD)——0;阻尼系数(DF)——0;相位延迟(PHASE)——0。

2. 直流分析

创建新仿真文件,名称为 CHADONG,在直流扫描设置对话框的 Sweep variable 中选择 Voltage soure,且在 Name 文本框中输入 V1,在 Sweep type 单选项中选择 Linear,在 Start value 文本框中输入−0.18,在 End value 文本框中输入 0.18,在 Increment 文本框中输入 0.01。执行 PSpice 程序后的结果波形如图 7-4 所示。这是差动电路的输入输出传输特性。

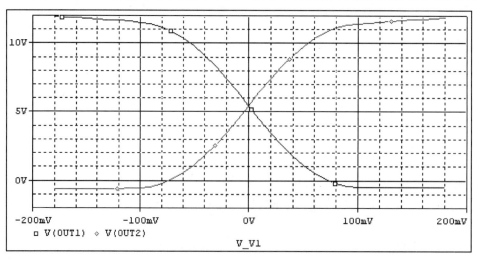

图 7-4　直流分析结果

3. 交流分析

在交流扫描设置对话框的 AC Sweep type 单选项中选择 Logarithm,其下面的下拉列表框中选择 Decade,在 Start Frequency 文本框中输入 1k,在 End Frequency 文本框中输入 100meg,在 Points/Decade 文本框中输入 10。执行 PSpice 程序后的结果波形如图 7-5 所示。这是差动电路的 V(OUT1)输出频率响应波形,其上限截止频率大约是 100kHz。

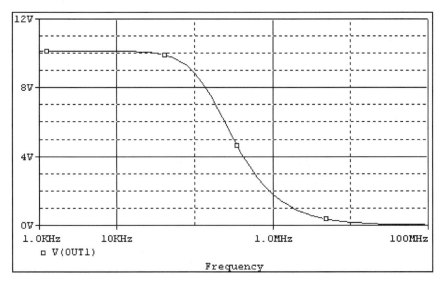

图 7-5 交流分析结果

4. 瞬态分析

在瞬态分析设置窗口中,在 Run to time 文本框中输入 2u,在 Start saving data after 文本框中输入 0,在 Maximum step size 文本框中输入 0.001u。执行 PSpice 程序后的结果波形如图 7-6 所示。这是差动电路 V(OUT1)、V(OUT2)的瞬时波形图。

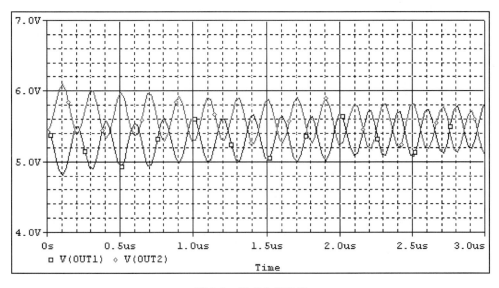

图 7-6 瞬态分析结果

5. 蒙特卡洛分析

设置电阻 RBIAS 属性中的容差（TOLERANCE）值，在其属性对话框 TOLERANCE 项中填入 10%，即设置容差值为 10%。

分析参数设置方法如图 7-7 所示。在 Analysis type 的下拉列表框中选择 Time Domain (Transient)进行瞬态分析；在 Options 多选项中选择 General Settings，其他空白设置同瞬态分析。

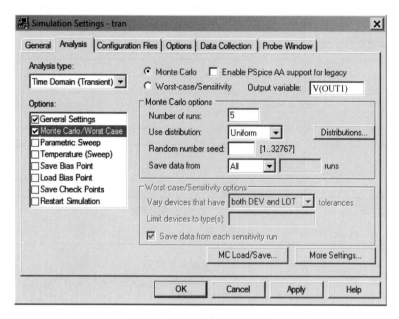

图 7-7　蒙特卡洛分析设置框

然后在 Options 中继续选择 Monte Carlo/Worst Case，且选择 Monte Carlo。在 Output variable 文本框中输入 V(OUT1)；在 Number of runs 文本框中输入 5，表示将进行 5 次分析（其上限为 4000）；在 Use distribution 下拉列表框中选择 Uniform（均匀分布）；在 Save data from 下拉列表框中选择 All，此下拉列表框各项的含义如下：

None　　　　除理想值外无任何显示；

All　　　　　全部显示；

First　　　　只显示前 n 次的结果，n 填在后面；

Every　　　　每 n 次模拟显示一次结果，n 也填在后面；

Run(list)　　显示所有指定次数的结果，最多可在后面填入 24 个数字。

对话框设置完毕后，执行 PSpice 程序后的结果波形如图 7-8 所示。这是差动电路的输出 V(OUT1)的瞬时波形图，由此图可以看到，当电阻值 RBIAS 的最大可能误差为 10%时，对 V(OUT1)的输出波形影响很大，所以在设计电路时应考虑是否选用高精度电阻元器件。

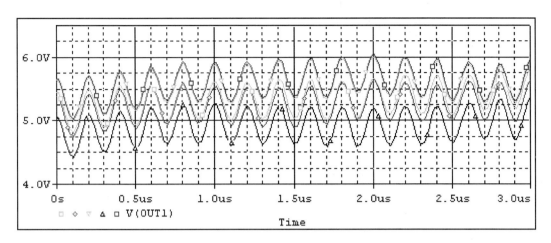

图 7-8　蒙特卡洛分析结果

7.3　最坏情况分析（.Wcase）

本节以差动放大器（如图 7-3 所示）为例，来说明如何进行最坏情况分析。

1. 分析参数的设定

选择菜单 PSpice/Edit Simulation Setting 命令，打开仿真设置窗口，Analysis type 设置为瞬态分析。

Options 选项中，选择 Monte Carlo/Worst Case，并在右侧选择 Worst-case/Sensitivity 最坏情况分析。

Output variable 文本框中输入 V(OUT1)，设置输出变量，一次只能设置一个。形式为节点电压、分支电流等均可。

在 Worst-case /Sensitivity options 选项中：

（1）Vary devices that have ☐ tolerance 空格中选择 both DEV and LOT，表示同时进行 DEV 与 LOT 分析。

（2）Limit devices to type(s)，仅局限于所选的器件，在此不填。

（3）选中 Save data from each sensitivity run，同时对此电路进行灵敏度分析，如图 7-9 所示。

（4）单击 More Settings 按钮，打开如图 7-10 所示的对话框。

（5）Worst-Case direction 选项中选 HI，表示分析的输出结果朝正向 HI 偏移。

（6）选中 List model parameter value in the output file，结果输出到文字档中。

（7）单击 OK 按钮，结束设置。

容差介绍：

- DEV 器件容差是指各元器件统一使用的容差，该容差可以相互独立变化。
- LOT 批容差是指各元器件的容差可以同时变化，即它们的值同时变大或变小。
- 组合容差是指元器件先按 LOT 容差变化，然后再按 DEV 容差变化。

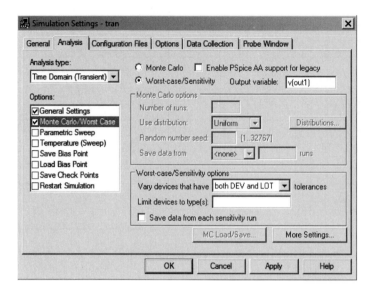

图 7-9　分析参数的设定 1

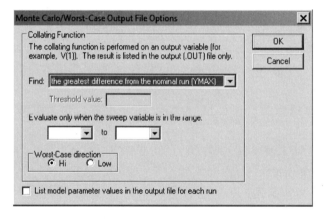

图 7-10　分析参数的设定 2

2. 执行 PSpice 程序

在电路图中设置电压探针 V(OUT1)。

选择菜单 PSpice/Run 命令,执行模拟功能,进行分析。模拟结束后,打开如图 7-11 所示的对话框。

此对话框告诉使用者有三项模拟结果的波形资料,单击 OK 按钮结束对话框,即可得到如图 7-12 所示的分析结果。

图中最后一个符号所对应的曲线即代表分析出来的在最坏情况下的波形。

3. 查看文字输出档

选择菜单 View/Output File 命令可以看到最坏情况分析的文字结果,如图 7-13 所示。

从文字输出档中可以得到许多重要的结果。图中列出了灵敏度分析与最坏情况分析的部分结果,可以得出模型参数的偏移方向与输出变量偏移方向的关系。

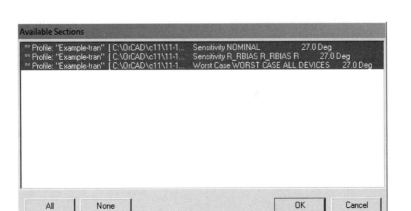

图 7-11 三项模拟结果的波形资料

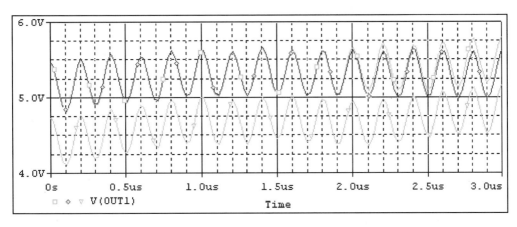

图 7-12 模拟结果

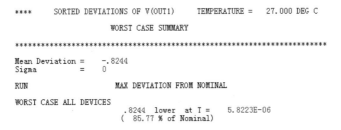

图 7-13 最坏情况分析的文字结果

7.4 直方图的使用方法

对于电子工程师或对电路要求较高者,往往并不满足于仅在 PSpice A/D 中显示出输出波形,还想得到输出变量的可能输出值及其相对机率为多少。那么就要用到下面所要介绍的直方图了。

直方图是 Goal Function(目标函数)中的一部分。所谓 Goal Function 就是一种能从输出数据中,搜寻某指定及其坐标值的函数。在 Probe 窗口下,用 Goal Function 可以快捷取出常见的幅、相频响应的频宽、−3dB 的频率、中心频率、峰值、最大、最小值等。

本节以切比雪夫滤波器为例,中心频率为 10kHz,带宽为 1.5kHz,电路如图 7-14 所示。

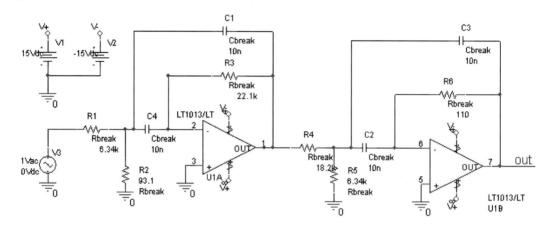

图 7-14　切比雪夫滤波器电路

1. 电路图的绘制

绘制的电路图如图 7-14 所示。其中 R 和 C 不再为理想值,而是从 Breakout. olb 库中提取的 Rbreak(R1−R6)和 Cbreak(C1−C3),以便设置误差系数。设置方法是选择菜单 Edit/PSpice Model 命令,创建模型,如图 7-15 所示。

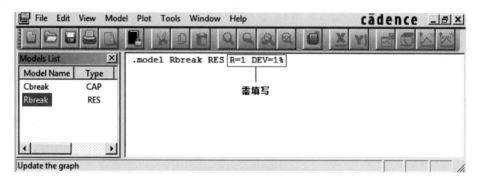

图 7-15　设置误差系数

图 7-15 中,R=1 是内设电阻值倍数;容差为 DEV。元器件容差是指各元器件同一批生产的产品,统一使用的容差。此处即电阻值误差最大可达 1%。

电容 Cbreak 的设置为:

```
.model Cbreak CAP C = 1 DEV = 5 %
```

2. 分析参数的设定

打开模拟分析设置对话框,交流分析和蒙特卡洛分析设置分别如图 7-16 和图 7-17 所示。

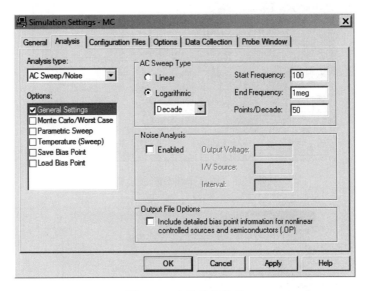

图 7-16 交流分析设置

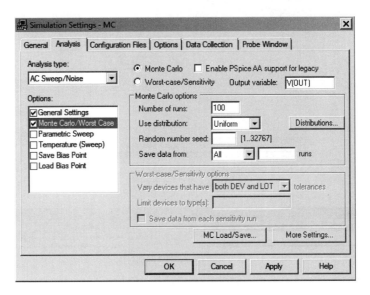

图 7-17 蒙特卡洛分析设置

3. 执行 PSpice 程序，创建直方图

对话框设置完毕后，选择菜单 PSpice/Run 命令，打开 PSpice A/D 窗口进行模拟分析。仿真分析结束后，出现如图 7-18 所示的对话框。

在图 7-18 中单击 OK 按钮，出现波形窗口。在此窗口下选择菜单 Plot/Axis Settings 命令，打开坐标轴设置对话框，如图 7-19 所示。在 X Axis 标签页下，选中 Performance Analysis，将 Probe 画面转换成目标函数性能设计。

然后选择菜单 Trace/Add Trace 命令，或者直接单击 ▦ 图标。在 Measurement 中选取带宽函数 Bandwidth(DB(V(OUT)),1)，如图 7-20 所示，针对输出 V(OUT) 的频率作统计图表（带宽直方图），所得结果如图 7-21 所示。

图 7-18　蒙特卡洛分析波形资料

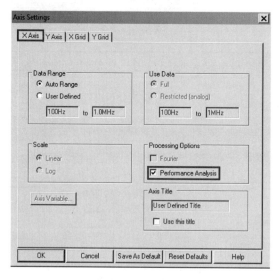

图 7-19　指定性能分析

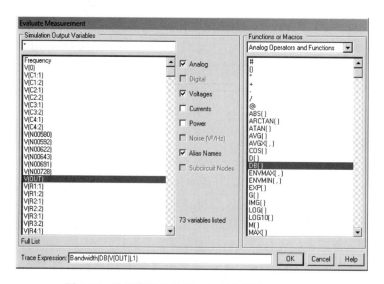

图 7-20　选取带宽函数（Bandwidth（Vdb（out，1）））

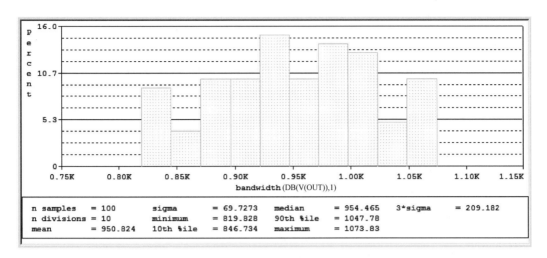

图 7-21　滤波器带宽直方图

图中显示了输出电压在此次模拟中的带宽出现几率,对图中的重要参数的说明如下:

- n samples:蒙特卡罗分析的次数,现设为 100 次,上限为 4000 次。
- n divisions:显示的长方形个数,现设为 10 次,条数越多越清楚,可通过设置 Number of Divisions 值来修改。
- mean:输出变量平均值,现约为 950.824kHz。
- sigma:输出变量平均误差值,现为 69.7273,3×sigma=209.182。
- minimum、maximum、median:输出变量的最小值、最大值、中间值。
- 10th ‰ile、90th ‰ile:所有输出变量处于前 10% 和前 90% 的输出值。

再用同样方法进行交流运算输出中心频率带宽直方图,结果如图 7-22 所示。

图中使用的 Measurement 目标函数见附录 A。

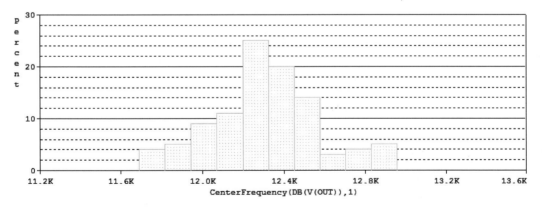

图 7-22　中心频率的直方图

第 8 章

仿真行为模型及模型的创建

从理论上讲,所有有源器件皆可转化成含受控源的等效电路进行分析,因此含受控源的电路分析就格外引人注目。随着 EDA 的兴起,系统分析的加强,受控源模型也有了发展,仿真行为模型就是受控源家族的新成员。本章简单介绍受控源和仿真行为模型。

8.1　受控源

例 8-1　某含 4 种受控源的直流电路如图 8-1 所示,试求 I(R5)和 V(R5)。

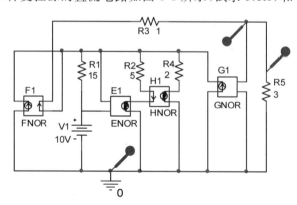

图 8-1　含 4 种受控源的直流电路

图中,4 种受控源是线性的理想的 4 种受控源,见表 8-1。

表 8-1　4 种线性的理想的受控源

名　称	符　号	含　义	单位	举　例
电压控制电压源(VCVS)	E	电压增益		E＝0.3
电流控制电流源(CCCS)	F	电流增益		F＝0.4
电压控制电流源(VCCS)	G	转移阻抗	Ω	G＝0.6
电流控制电压源(CCVS)	H	转移导纳	S	H＝－0.5

此刻参数与分析设置为:

E = 0.3
F = 0.4

```
G = 0.6
H = - 0.5
* Analysis directives
.DC LIN V_V1 5 15 5
.PROBE
```

分析结果如图 8-2 所示。

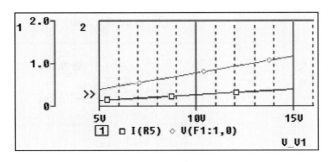

图 8-2 分析结果

例 8-2 某含 4 种非线性的理想受控源的直流电路如图 8-3 所示,它与上例在拓扑关系上完全相同,只是受控源是非线性的,其值为:$E = e^{V_{R1}}$,$F = -\sin(I_{R3})$,$G = \sinh(V_{R_5})$,$H = -\cos(I_{R_3})$,仍求 $I(R5)$ 和 $V(R5)$。

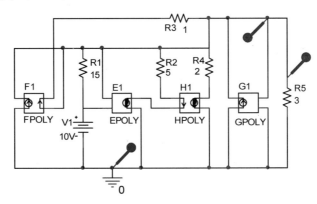

图 8-3 含 4 种非线性受控源的直流电路

查阅数学手册可知,常用函数幂级数展开式为:

$$e^x = 1 + x + \frac{x^2}{2!} + \frac{x^3}{3!} + \cdots + \frac{x^n}{n!} + \cdots$$

$$\sin x = 1 - \frac{x^3}{3!} + \frac{x^5}{5!} - \frac{x^7}{7!} + \cdots$$

$$\text{sh}\,x = \frac{e^x - e^{-x}}{2} = x + \frac{x^3}{3!} + \frac{x^5}{5!} - \frac{x^7}{7!} + \cdots$$

$$\cos x = 1 - \frac{x^3}{2!} + \frac{x^5}{4!} - \frac{x^7}{6!} + \cdots$$

于是,参数值可填写(也很费事还不一定精确)如图 8-4 所示。

分析参数设置同上例,分析结果如图 8-5 所示。

	COEFF
: E1	1 1 0.5 0.167
: F1	1 0 -0.167
: G1	0 0.167 0
: H1	-0.5 0 -4.16e

图 8-4　受控源参数设置

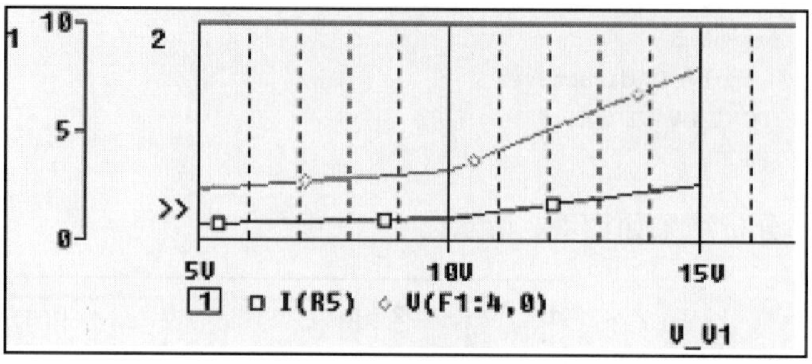

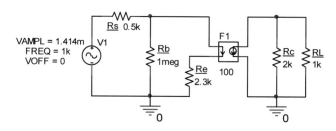

图 8-5　分析结果

例 8-3　含 CCCS 受控源电路(晶体管等效电路)如图 8-6 所示。

图 8-6　晶体管等效电路

瞬态分析输出电压为输入电压的反向放大如图 8-7 所示。

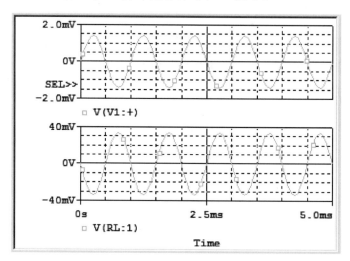

图 8-7　反向放大电路瞬态分析结果

负载输出电压、电流如图 8-8 所示。

负载的瞬时功率和平均功率如图 8-9 所示。输入、输出电压的幅频特性如图 8-10 所示。

负载功率随频率变化如图 8-11 所示。

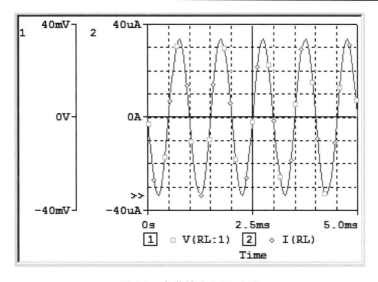

图 8-8 负载输出电压、电流

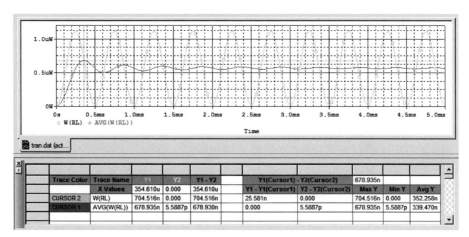

图 8-9 负载的瞬时功率和平均功率

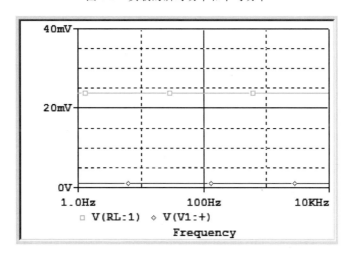

图 8-10 输入、输出电压的幅频特性

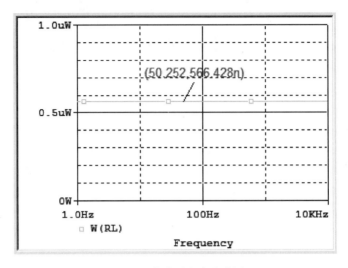

图 8-11　负载随频率变化图

8.2　仿真行为模型

上述 4 种线性、非线性的理想受控源,具有输入阻抗(Z_{in})无限大、输出阻抗(Z_{out})为 0、带宽(BW)无限大、任何工作环境下增益(Gain)为定值等完全理想化的特性。而仿真行为模型则可依据用户的需要,调整其输入输出转移特性曲线,幅频、相频特性曲线。因此,它会产生更加逼真的描述谐波失真、带宽受限等非理想特性。

仿真行为模型是 E、G 型受控源的延伸,它们都是用数学运算方式描述的。常用的行为模型皆存于 ABM.olb 库中,见表 8-2。

表 8-2　常用的仿真行为模型

	名　称	含　义
基本元件	CONST	常数
	GAIN	增益
	* SUM	两输入信号相加
	DIFF	两输入信号相减
	* MULT	两输入信号相乘
限制器元件	LIMIT	限制输出幅度
	GLIMIT	限制输出幅度,但具有增益
	SOFTLIMIT	用连续波形限制函数
表格输入元件	* TABLE	用自定义表格表示时域信号
	FTABLE	用自定义表格表示频域信号
频域元件	* FREQ	用自定义表格表示频域信号
	LOPASS	Chebyshev 低通滤波器
	HIPASS	Chebyshev 高通滤波器
	BANDPASS	Chebyshev 带通滤波器
	BANDREJ	Chebyshev 带阻滤波器

续表

名 称	含 义
＊LAPLACE	用拉普拉斯方程表示
＊VALUE	用输入方程表示
INTEG	积分器
DIFFER	微分器
ABS	取绝对值
SQRT	取平方根
PWR	取 X 绝对值的 Y 次方
PWRS	取 X 的 Y 次方
LOG	取自然对数(ln)
LOG10	取以 10 为底的对数
EXP	取自然指数
SIN	取 Sin 运算
COS	取 Cos 运算
TAN	取 Tan 运算
ATAN、ARCTAN	取正切、反正切运算
ABM	无输入,电压输出
ABM1	一输入,电压输出
ABM2	二输入,电压输出
ABM3	三输入,电压输出
ABM/I	无输入,电流输出
ABM1/I	一输入,电流输出
ABM2/I	二输入,电流输出
ABM3/I	三输入,电流输出

（数学运算元件 对应 LAPLACE 至 ATAN、ARCTAN 行；描述元件 对应 ABM 至 ABM3/I 行）

注：表中带有"＊"符号元件,有 E、G 两种类型,使用时需冠以前缀 E 或 G,如 EFREQ,GFREQ,ESUM,GSUM 等。

例 8-4 某系统如图 8-12 所示,试求该系统的动态响应。

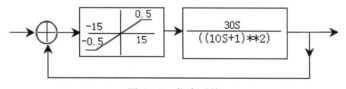

图 8-12 仿真系统

上图可以用 Capture 绘制成 PspiceA/D 分析用图,如图 8-13 所示。

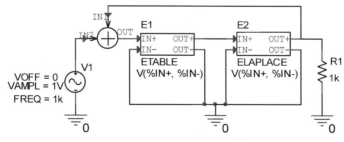

图 8-13 PspiceA/D 分析用图

图中，E1：ETABLE 是用表格描述的输入输出特性，如图 8-14 所示。

Reference	Source Library	Source Packag	Source Part	TABLE	Value
E1	C:\ORCAD\ORC ...	ETABLE	ETABLE.Nor	(-15,-0.5) (15,0.5)	ETABLE

图 8-14　ETABLE 的参数设置

其中，输入(−15，−0.5)表示输入电压 V1 低于−15V 时，输出电压为−0.5V；输入
(15,0.5)表示输入电压 V1 高于 15V 时，输出电压为 0.5V；当输入电压是由−15V 至 15V
之间时，输出电压为−0.5 V 到 0.5V 之间的线性插值；

E2：ELAPLACE 是拉普拉斯函数，参数设置如图 8-15 所示。

Reference	Source Library	Source Packag	Source Part	Value	XFORM
E2	C:\ORCAD\ORC ...	ELAPLACE	ELAPLACE.N	ELAPLAC	30/((10s+1)**2)

图 8-15　ELAPLACE 的参数设置

进行瞬态分析设置：0s~10ms。系统的动态响应分析结果如图 8-16 所示。

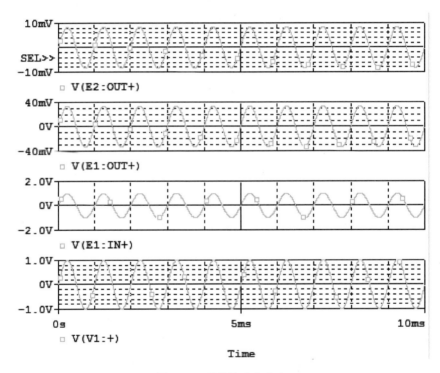

图 8-16　系统的动态响应

例 8-5　在电路层设计之前，可以用仿真行为模型作一些总体安排看看是否合理，即进
行顶层设计。例如，某一音频信号 0.3mV，20kHz，与载频信号 0.3mV，650kHz 混频后，放
大 65 倍，进行设计适用的低频、高频和带通滤波器参数，为电路设计提出设计指标。如图 8-17
所示。

图中，E1：ESUM 是两个输入信号相加进行混频。

GAIN 是增益，参数设置为 65。

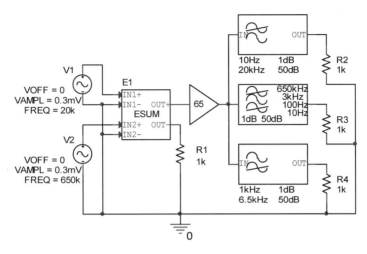

图 8-17 初始设计

LOPASS 是低通滤波器如图 8-18 所示。

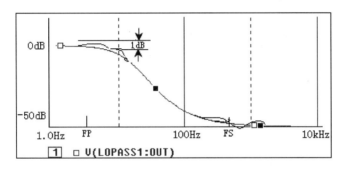

图 8-18 LOPASS(低通滤波器)

图中,FP 为导通频率,FS 为截止频率,导通带衰减量用 RIPPLE 的 dB 值表示。截止频率的增益衰减量用 STOP 的 dB 值表示。

参数设置如图 8-19 所示。

FP	FS	G			LN	Part Reference	P	Po	Pri	P	Reference	RIPPLE	S	S	S	STOP	Value
10Hz	20kHz	L		F		LOPASS1		DE		T	LOPASS1	1dB		L	L	50dB	LOPASS

图 8-19 LOPASS 参数设置

HIPASS 是高通滤波器如图 8-20 所示。

参数设置如图 8-21 所示。

同样,BANDPASS 为带通滤波器如图 8-22 所示。图中,F0 为下截止频率,F1 为下导通频率,F2 为上导通频率和 F3 为上截止频率。

参数设置如图 8-23 所示。

交流分析参数设置为 1Hz～1000kHz。各滤波器波形如图 8-24 所示。

作瞬态分析时参数设置为 0s～100us。其结果如图 8-25 所示。

顺便了解一下音频、载波信号的合成情况,如图 8-26 所示。

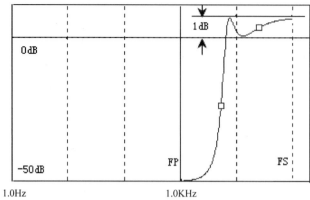

图 8-20　HIPASS(高通滤波器)

FP	FS	G		LN	Part Reference	P	Po	Pri	P	Reference	RIPPLE	S	SS	STOP	Value
6.5kHz	1kHz	H		P1	HIPASS1	☐	DE	T		HIPASS1	1dB	H	H	50dB	HIPASS

图 8-21　HIPASS 参数设置

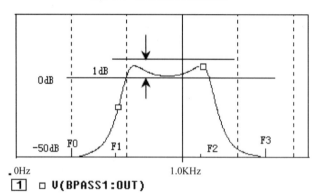

图 8-22　BANDPASS(带通滤波器)

F0	F1	F2	F3	G		LN	Part Reference	P	Po	Pri	P	Reference	RIPPLE	S	SS	STOP	Value
10Hz	100H	3kHz	650kHz	E		B	BPASS1	☐	DE	T		BPASS1	1dB		B B	50dB	BPASS

图 8-23　BANDPASS 参数设置

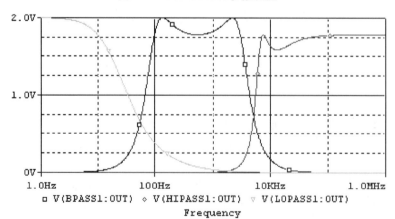

图 8-24　各滤波器波形

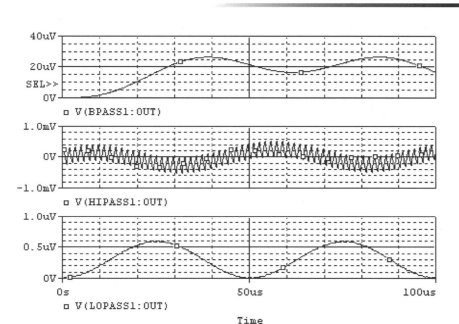

图 8-25 瞬态分析波形

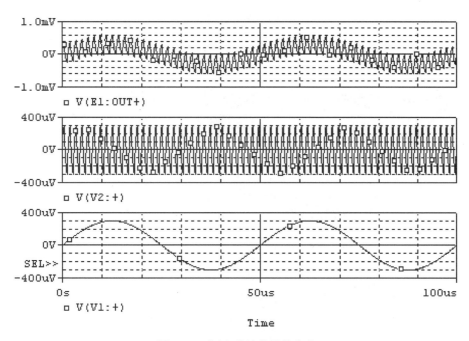

图 8-26 音频、载波信号的合成

8.3 编辑和创建模型

在 PSpice A/D 中已经内建了很多常用的电子元器件符号及其对应的模型。随着新技术的发展和版本的升级,有更多的元器件相继问世;但另一方面在实际电路设计中,元器件库中恰好没有合适的元器件,这时就需要用户自行编辑现有的元器件特性或者创建新的元器件模型。元器件模型的创建操作是比较复杂的,本节主要是简单介绍如何对现有元器件模型的特性进行编辑和创建新的模型。

8.3.1 元器件模型的编辑

以硅质齐纳稳压管电路为例(如图 8-27 所示),说明如何编辑元器件模型参数,并进行电路仿真。

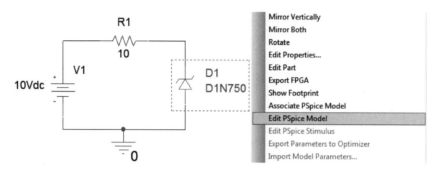

图 8-27 硅质齐纳稳压管电路

图 8-27 中,型号 D1N750 为常用类型 SiZener(硅质齐纳稳压管),稳压值为 4.7V。可将它"激活"再单击右键在快捷菜单中选择 Edit PSpice Model 命令,以便查阅其模型参数,如图 8-28 所示。

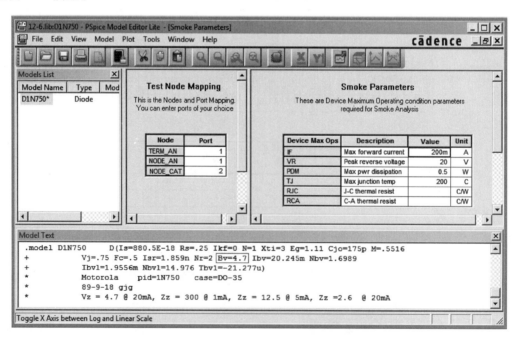

图 8-28 D1N750 模型参数

找到 Bv(结的反向击穿电压)参数,将其参数值改为 8.0。保存设置,重新回到电路编辑窗口,设置分析类型为直流扫描,V1 从 0 开始,终值为 10V,步长为 2V,V-I 特性曲线输出波形如图 8-29 所示。

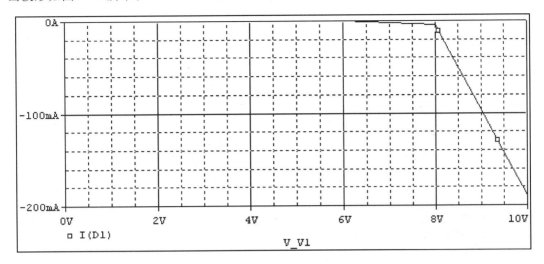

图 8-29 二极管 V-I 特性曲线

由图 8-29 可知,二极管是从 8V 开始有明显变化的,参数的修改直接影响到输出结果。

一般而言,如果要完全地从无到有的创建新的元器件模型,难度是比较的大的,这也要求操作者对元器件参数模型知识有一定深度的了解,在下一节中,简单以一实例介绍怎么创建新元器件模型,而本节介绍的编辑方法是用户最常面对的情况,就是将原有的元器件模型参数修改成符合设计要求的新元器件模型。

8.3.2 创建新元器件模型

1. 创建新的库和模型

(1) 打开 PSpice 模型编辑器(Model Editor)。

(2) 选择菜单 File/New 命令来开启一个新的库模型,在最后保存时要定义库的名称。

(3) 选择菜单 Model/New 命令来建立新的元器件模型,具体设置如图 8-30 所示。

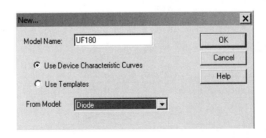

图 8-30 建立新的元器件模型

(4) 设置完毕后,单击 OK 按钮,出现如图 8-31 所示的元器件模型参数设置窗口。

2. 设置元器件模型特性数据

(1) 设置正向电流数值点,准确描绘曲线特性,如图 8-32 所示。输入的数值点越多,曲线特性越精确。

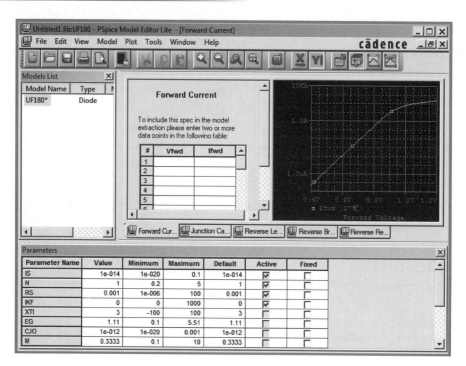

图 8-31　元器件模型参数设置窗口

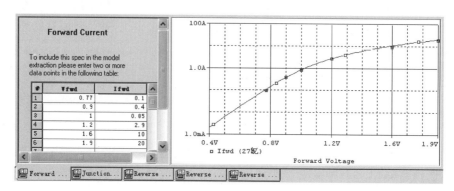

图 8-32　设置正向电流值

（2）设置结电容参数值，如图 8-33 所示。

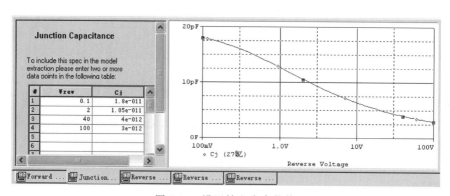

图 8-33　设置结电容参数值

（3）设置反向漏电流参数值，如图 8-34 所示。

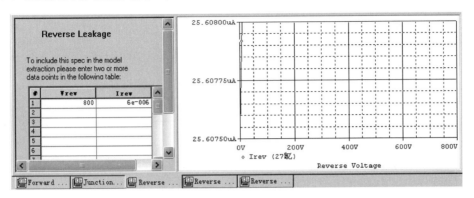

图 8-34 设置反向漏电流参数值

（4）设置反向击穿 V-I 特性曲线参数，如图 8-35 所示。

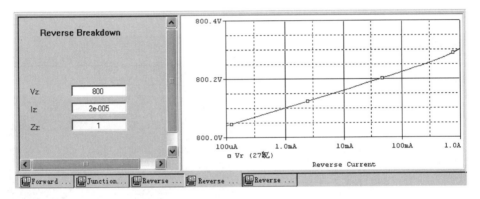

图 8-35 设置反向击穿 V-I 特性曲线参数

（5）设置逆回复参数值，如图 8-36 所示。

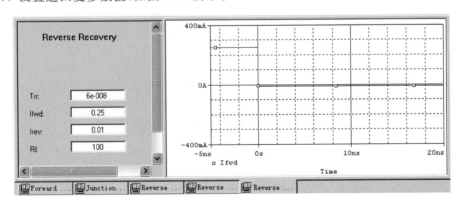

图 8-36 设置逆回复参数值

3. 提取 PSpice 模型参数

（1）选择菜单 Tools/Extract Parameters 命令或者单击 按钮，其中反向漏电流参数曲线图匹配得不是很好，如图 8-37 所示。

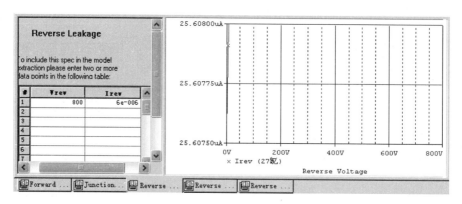

图 8-37　反向漏电流参数曲线图

（2）为了更好地匹配参数特性，可以适当的减小 IS（反向饱和电流）参数值的大小，并选中 IS 行的 Fixed 选项，锁定 IS 参数值，重新单击 ⬆ 按钮，提取 PSpice 模型参数，反向漏电流参数曲线图匹配得很好，具体设置如图 8-38 所示。

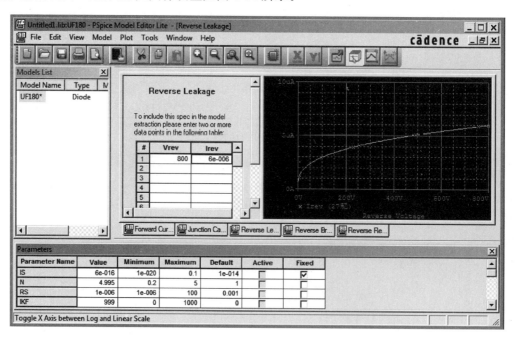

图 8-38　编辑、提取 PSpice 模型参数

4. 创建元器件库

选择菜单 File/Export to Capture Part Library 命令，打开如图 8-39 所示对话框，设置完毕单击 OK 按钮，关闭 PSpice 模型编辑器。

5. 配置新的元器件和模型库

（1）任意创建一个新的工程项目，创建仿真属性文件，并选中配置文件标签页，具体设置如图 8-40 所示，添加 UF180.lib 为设计变量，设置完毕后，单击 OK 按钮，保存设置。

（2）在电路图绘制页，单击右侧绘图工具栏的 🖼 按钮，打开取放元件对话框，添加新创建的元器件模型，如图 8-41 所示。

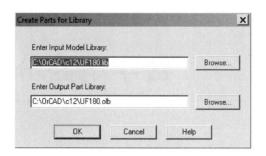

图 8-39　创建元器件库

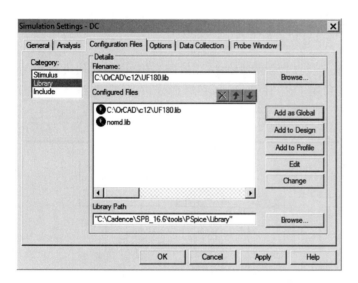

图 8-40　配置新的元器件和模型库

图 8-41　添加新创建的元器件模型

至此,新模型创建完毕,可以用来进行模型仿真设计了。

第9章 数字电路分析

CHAPTER 9

PSpice A/D 可以对模拟和数字混合电路进行分析,可以输出数字(逻辑)信号或者模拟信号。PSpice 中由于增加了数字电路分析,使其分析功能更加完整,应用更加广泛。

9.1 数字电路的基本分析方法

本节以一个由 J-K 触发器构成的 4 位二进制异步加法计数器为例,说明如何进行数字电路的分析,电路如图 9-1 所示。试利用 OrCAD 进行电路瞬态分析(数字电路只有瞬态分析)。

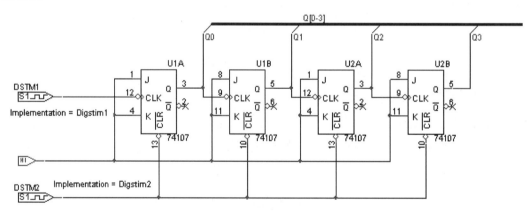

图 9-1 4 位二进制异步加法计数器

1. 电路图的绘制

(1) 输入电路图名称(如 COUNTER),选取元器件、连线。JK 触发器选用 Eval.olb 库中的 74107 或者在 74 系列中搜索,共需要 4 个。

J、K 端预置高电平,高电平 ⊢Hi⊳— (Hi)存放在 Source.olb 元器件库中,必须选择菜单 Place/Power 命令或单击 ⏚ 按钮/⏚ 按钮才能调出使用;同理低电平 ⊏Lo⊐— (Lo)也是如此。脉冲周期 off、on 依需要可以调整,起始是高电平(置"1")、低电平(置"0")。数字电路看起来挺多的,真正能动手修改的参数,仅此而已。

对于不使用的管脚放置不连接符号 ⊠,如本例中的 J-K 触发器的 2 和 6 脚。

单击 ⬝ 和 ⬝ 按钮,放置总线和总线引入线,连接 Q0、Q1、Q2 与 Q3 成为汇流排 BUS,

并设定其名称为 Q [0−3]。

（2）编辑数字输入信号，激励源 DSTM 的符号名称为 DIGSTIM1。

图形编辑的数字脉冲源设置参数时，单击 DSTM1 元件图形，选择菜单 Edit/PSpice Stimulus 命令或单击右键快捷菜单选择 Edit PSpice Stimulus 命令，打开如图 9-2 所示的激励源类型对话框。在 Name 文本框中输入激励源名称 Digstim1，在 Digital 单选项中选择 Clock，单击 OK 按钮，打开如图 9-3 所示的时钟属性设置框。

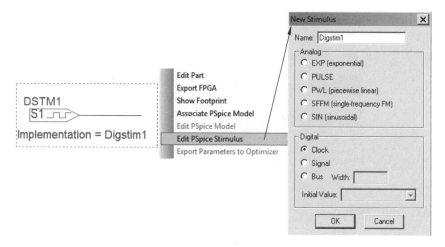

图 9-2　新激励源类型选择框

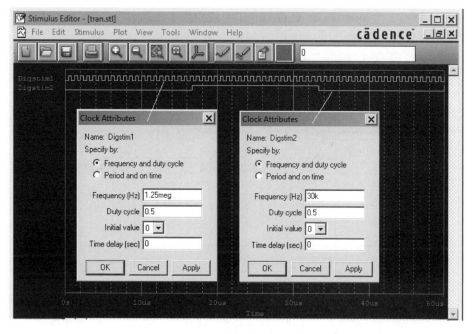

图 9-3　时钟属性设置框

在 Frequency(Hz)文本框中输入 1.25meg，表示时钟频率为 1.25MHz；在 Duty cycle 文本框中输入 0.5，表示时钟波形占空比为 50%；Initial value 下拉框中选择 0，表示初始值为 0；Time delay(sec)文本框中输入 0，表示时钟的时间延迟为 0(若上面单选选择了 Period and on time，则时钟设置按周期和导通时间来输入)。设置完毕后，单击 Apply 按钮，设置的 DSTM1 的波形出现在激励源编辑器窗口，如图 9-3 所示，若满意单击 OK 按钮保存设置，时钟脉冲源 DSTM1 的设置全部完成。数字脉冲源 DSTM2 的参数设置过程完全与 DSTM1 的相同，只是频率设置为 0.03meg，初始值选为 1。它们的波形如图 9-3 所示。

2. 创建新仿真文件

名称为 TT，瞬态分析参数设置方法如图 9-4 所示，在 Analysis type 的下拉列表框中选择 Time Domain(Transient)进行时域分析；在 Options 多选框中选择 General Settings；在 Run to time 文本框中输入 100us；在 Start saving data after 文本框中输入 0。

图 9-4　瞬态分析参数设置方法

3. 运行 PSpice 程序

输出波形如图 9-5 所示。电路工作时时钟信号脉冲数是 20 个(如果短可以加大 5 倍)，结果 Q0 输出 10 个脉冲，Q1 输出 5 个脉冲，Q2 输出 2.5 个，Q3 输出 1 个。即 Q0 是在每个时钟脉冲的下降沿发生翻转的，Q1 是在每个 Q0 脉冲的下降沿发生翻转的，Q2 是在每个 Q1 脉冲的下降沿发生翻转的，Q3 是在每个 Q2 脉冲的下降沿发生翻转的。因此该电路是二进制加法计数器。

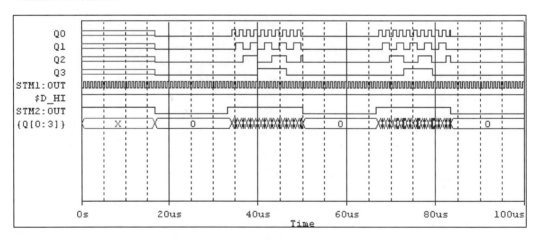

图 9-5　二进制加法计数器

进行数字电路分析必须有 2 个库：digital.lib 、Dig_io.lib。前者存放各种数字器件；后者存放各类数字和模拟电路之间转换的接口模型电路。

例如调用一个 TTL 电路 74S00，采用 PSpice 4.02 的网表文件输入时要做如下操作：

```
X1 1 2 3  74S00  ——X：子电路的关键字，1 2 为输入节点，3 为输出节点，74S00 为子电路名称
. lib digital.lib  ——调用数字器件库
```

．lib dig_io.lib　——调用数字器件接口模型库

PSpice 程序从库中调用 74S00 子电路为：

.subckt 74S00 A B Y

其中：A、B 为输入端节点，Y 为输出端节点。

U1nand (2) A B Y D-00s IO-S

其中：U 为数字电路的关键字，nand（2）为有两个输入与非门，D−00s 为门单位时间模型名存放在 digital.lib 中的 dig-1.lib 库中。

．model D−00s ugate + (tplhty = 2ns tplhmx = 4.5ns tphlty = 3ns tphlmx = 5ns)

其中：tplhty 为上升沿延迟典型值，tplhmx 为上升沿延迟最大值，tphlty 为下降沿延迟典型值，tphlmx 为下降沿延迟最大值。用 IO-LEVEL 项进行选择。

IO-S 为接口模型名存放在 dig_io.lib 库中。

有了上述条件，对于模拟/数字混合电路或者数字电路的分析，就和前面介绍的模拟电路分析方法一样了。不过，大规模的数字电路分析还是使用 OrCAD/VST，Cadence 等为宜。

9.2　数字信号源

从上例可以看出，数字（或称逻辑）电路分析在画原理图、设置分析时间等方面，比模拟电路分析还要简单些。数字电路分析的一个重要问题是如何依据分析的需要，正确设置好数字信号源的波形。

9.2.1　数字信号源类型

上例中应用的是时钟信号，它在数字电路分析中应用频繁。在各种数字信号源类型中，都含有时钟信号的输入方式，OrCAD 提供的数字信号源类型共有 4 类 17 种见表 9-1。

表 9-1　数字信号源类型

	时钟信号	一般信号	2 位总线信号	4 位总线信号	8 位总线信号	16 位总线信号	32 位总线信号	设置方法
DIGCLOCK 时钟型	DigClock							与器件参数设置相同
STIMn 基本型	STIM1	STIM1		STIM4	STIM8	STIM16		与器件参数设置相同
FILESTIMn 文件型	FileStim1	FileStim1	FileStim2	FileStim4	FileStim8	FileStim16	FileStim32	与器件参数设置相同
DIGTIMn 图形编辑器型	DigStim1	DigStim1	DigStim2	DigStim4	DigStim8	DigStim16	DigStim32	调用 StmEd 编辑器

注：器件参数设置中，包括设置波形描述文件。

9.2.2　数字信号(激励)发生器描述格式

数字信号(激励)发生器是数字器件中最常用的一种。它的作用等同于模拟电路中的电压源(或电流源)。

它的描述格式为

Uname STM (＜Width＞,＜format arry＞) ＜digital power node＞＜digital ground value＞
+ ＜＜ node ＞＞＜I/O mode name＞(IO—level＝＜Interfacesabckt select value＞)
+ (Timestep＝＜stepsize＞＜Command＞)

式中各项的含义如下:

(1) Uname:U 为数字器件的关键字,Uname 为数字信号源的名称。

(2) STM:数字信号源的关键字。

(3) ＜digital power node＞ ＜digital ground value＞:数字信号源结点,通常设为 DPWR;数字信号源地,通常设为 DGND。

(4) ＜＜node＞＞:信号输出节点。

(5) ＜I/O mode name＞:输入输出接口模型名,74 系列为 IO-STM。

(6) (IO—level＝＜Interface sabckt select value＞):用于选择输入输出接口模型子电路,Interface sabckt select value 的取值含义为:

① 0＝默认值;

② 1＝ATOD1/DTOA1:为含 R(上升沿)、F(下降沿)、X(不确定)等信号的较精确的接口模型子电路;

③ 2＝ATOD2/DTOA2:为仅含 0,1 两种信号的较理想的接口模型子电路;

④ 3＝ATOD3/DTOA3:同 1;

⑤ 4＝ATOD4/DTOA4:同 2。

(7) (＜Width＞,＜format arry＞):指定信号源输出信号数和信号格式。

例如,(2,11)表示输出信号数为 2,"1"信号格式为二进制;(4,1111)表示输出信号数为 4,信号格式为二进制。二进制格式允许输入:

　　　0　低电平;R　上升沿;Z　高阻

　　　1　高电平;F　下降沿;X　不确定

(6,33)输出信号数为 6,"3"信号格式为八进制。八进制格式允许输入:

$$0,1,2,3,4,5,6,7$$

(4,4)输出信号数为 4,"4"信号格式为十六进制。十六进制格式允许输入:

$$0,1,2,3,4,5,6,7,8,9,A,B,C,D,E,F$$

(8) Timestep＝＜stepsize＞:时间步长设置,实际时间是周期数(后缀为 C)乘以步长。

(9) ＜Command＞:信号值说明。

所有这些都以子电路形式存储在元器件库中。

9.2.3 时钟型信号源（DigClock）

时钟信号是数字电路模拟中使用最频繁的信号，也是波形最简单的一种脉冲信号。时钟型信号源（DigClock）可在如图 9-6 所示的 PSpice/SOURCE 库中提取其符号。

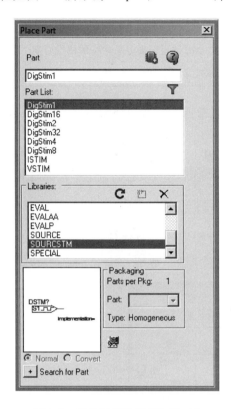

图 9-6 时钟型信号源（DigClock）

其信号波形设置如同常规的元器件的设置相仿，即双击该符号，或在激活该元器件后单击右键，如图 9-7 所示。选择 Edit Properties 命令，打开如图 9-8 所示的对话框。

```
OFFTIME = .5uS      DSTM3         Mirror Horizontally
ONTIME = .5uS       CLK ┌┐ ┌□     Mirror Vertically
DELAY =                            Mirror Both
STARTVAL = 0                       Rotate
OPPVAL = 1                         Edit Properties...
                                   Edit Part
```

图 9-7 DigClock 的信号设置

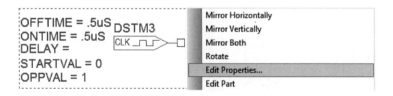

图 9-8 时钟型信号源设置框

图中，OPPVAL、STARTVAL、OFFTIME、ONTIME 和 DELAY 的意义见表 9-2。

表 9-2　OPPVAL、STARTVAL、OFFTIME、ONTIME 和 DELAY 的意义

	意　义	默　认　值
OPPVAL	时钟高电平状态	1
STARTVAL	T＝0 时时钟初值	0
OFFTIME	每个时钟周期低电平状态的持续时间	0.5 μs
ONTIME	每个时钟周期高电平状态的持续时间	0.5 μs
DELAY	延迟时间	0

有关 IO-MODEL 和 IO-LEVEL 为接口模型名和上升沿(或下降沿)延迟值的选择项,通常使用默认值不作变动。

设置信号时,可在属性框中设置相应的属性,也可直接单击符号边上的文字设置相应的波形属性。对于设置时钟信号通常只需设置高低电平持续时间即可。

9.2.4　基本型信号源(STIMn)

基本型信号源(STIMn)主要是设置总线信号,总线信号含有多位信号,波形参数设置过程比时钟信号要复杂,可在如图 9-9 所示 PSpice/SOURCE 库中提取其符号。

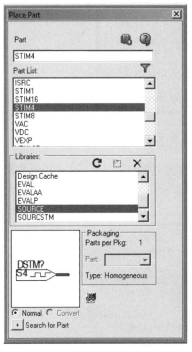

(a) 基本型信号源选取窗口

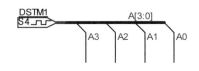

(b) 基本型信号源的使用

图 9-9　基本型信号源符号

按一般元器件参数设置(如图 9-10 所示)调出参数设置对话框,如图 9-11 所示。

图 9-11 中,WIDTH:指定总线信号的位数,本图是 4 位。

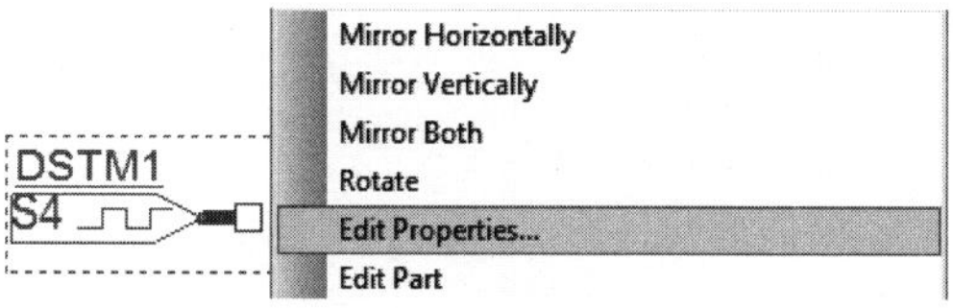

图 9-10　基本型信号源信号设置

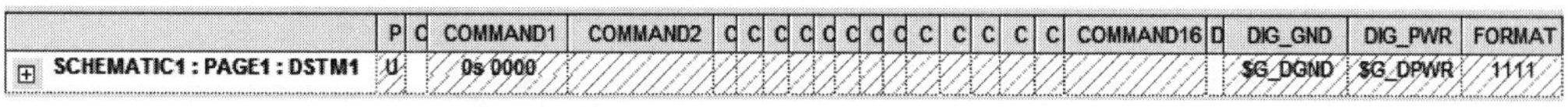

(a) 基本型信号源信号参数设置(1)

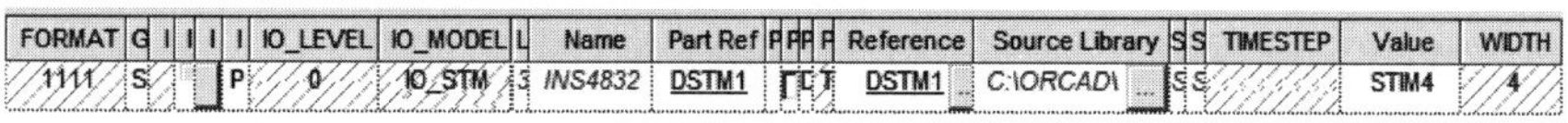

(b) 基本型信号源信号参数设置(2)

图 9-11　基本型信号源信号参数设置

FORMAT：指定总线信号采用何种进位制。用 1 表示二进制,2 表示八进制,4 表示十六进制。本例为 2 进制。也可采用混合制,如图中第 1 位用二进制、后 3 位用八进制,则可写为"FORMAT：12"。

TIMSTEP：与 TIMESCALE＝＜时间倍乘因子＞相仿。在用相对时间时(符号为 c),须用此项规定单位 c 的实际时间。

COMMAND1,…, COMMAND16：对应一个个波形描述语句。

例如:

```
WIDTH: 4
FORMAT: 1111
TIMSTEP: 10ns
COMMAND1: 0 1100
COMMAND2:9c 1110
COMMAND3:10c 0110
COMMAND1:18c 0100
COMMAND1:20c 0101
```

可以用循环语句,例如:

```
WIDTH: 4
FORMAT: 1111
TIMSTEP: 10ns
COMMAND1: 0 1100
COMMAND2: REPEAT(循环开始) 50(次数)TIMES (n＝－1 时为无限循环)
COMMAND3:9c 1110
COMMAND4:10c 0110
COMMAND5:18c 0100
COMMAND6:20c 0101
COMMAND7: ENDREPAET(循环结束)
```

可以采用 GOTO 式的循环,例如:

```
WIDTH: 4
```

```
FORMAT: 1111
TIMSTEP: 10ns
COMMAND1: 0 1100
COMMAND2: LABEL = startloop
COMMAND3:9c 1110
COMMAND4:10c 0110
COMMAND5:18c 0100
COMMAND6:20c 0101
COMMAND7: 21c GOTO  startloop
```

此外还需补充说明两点：

（1）在表示信号的时间时可采用绝对或相对模式。相对模式以"＋"表示，如＋10c。

（2）逻辑电平信号在不同时刻的状态可用 0、1、R、F、X、Z 表示，具体内容见表 9-3 所示。

表 9-3　　数字节点的逻辑状态

逻辑状态	包 含 内 容
0	Low(低电平)、false(假)、no(否)、off(断)
1	High(高电平)、true(真)、yes(是)、on(通)
R	Rishing(0 到 1 的变化过程)
F	Falling(1 到 0 的变化过程)
X	不确定
Z	高阻

9.2.5　文件型信号源（FileStimn）

1. 文件型信号源的种类

文件型信号源因信号波形是用一个以 STL 为扩展名的波形文件来描述而得名。这个描述文件可以很大，也可以有嵌套的子文件。它又有如下 6 个不同功能的 FileStimn。

（1）FileStim1：为一般数字信号，包括时钟信号在内的 1 位文件型信号。

（2）FileStim2：为 2 位文件型总线信号。

（3）FileStim4：为 4 位文件型总线信号。

（4）FileStim8：为 8 位文件型总线信号。

（5）FileStim16：为 16 位文件型总线信号。

（6）FileStim32：为 32 位文件型总线信号。

2. FileStimn 的波形设置：

由于 FileStimn 类信号源波形主要是由波形描述文件中数据确定。故其信号设置相对比较简单。在电路图页先双击 FileStimn 符号（或 FileStimn 符号被激活后，按下右键，选择 Edit Properties），打开如图 9-12 所示元器件属性参数设置框。

FILENAME 为波形描述文件名，如 9-1a.stl。该文件可选择菜单 File/New/Text File 命令，创建一个文本文件，存盘时扩展名为 stl。在 Simulation Settings 对话框中选择 Configuration Files 标签，在 Category 单选框中选择 Stimulus，在 Filename 文本框中输入

FILENAME	G	I	I	I	IO_LEVEL	IO_MODEL	L	N	P	P	P	P	Reference	SIGNAME	S	S	S	Value
9-1a.stl	F			P	0		IO_STM	2	IN	D		C	T	DSTM1	DSTM1		F	F	FileStim1

图 9-12　FileStime1 的波形描述

已创建的波形文件名称，单击 Add to Design 将其添加到设计项目中，单击 Apply、再单击 OK 按钮结束设置。这时可在专案管理窗口下的 Stimulus Files 中看到添加的波形文件，如图 9-13 所示。

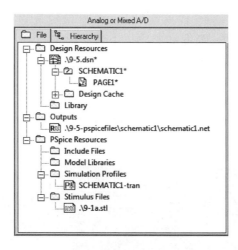

图 9-13　项目文件列表

在图 9-12 中还有一项 SIGNAME 为信号名，对 1 位信号 FileStime1 只要指定一个信号名，如 Clock，则程序从 9-1a.stl 文件中只取 Clock 波形为输入信号。多位时设置与 1 位相同。一般是将输入信号的节点，采用手工操作输入与信号同名的节点号。例如，D 触发器的 4 个信号 D、CLK、CLR 和 PRE；或者设总线编号 A0、A1、A2 和 A3 等。SIGNAME 中的信号名也可以少于 Stimulus Files 中的位数。下面的问题就是如何进行编写 Stimulus Files。

3. 编写波形描述文件 Stimulus Files

它是由两部分组成的：文件头和描述表。描述表将以示例形式给出，首先介绍文件头。

1）文件头

即文件开始的那一部分。其一般格式如下：

TIMESCALE = <时间倍乘因子>
<信号名 1>,<信号名 2>, … ,<信号名 n>
OCT(<信号名 O1>,<信号名 O2>, … ,<信号名 On>)
HEX(<信号名 h1>,<信号名 h2>, … ,<信号名 hn>)

（1）<时间倍乘因子>选择项：为波形描述文件中的相对时间的倍乘因子，默认值为 1。如：

TIMESCALE = 10ns

波形描述文件中用的是相对时间：

0 为 0 ＊ 10ns＝0ns；

1 为 1 * 10ns＝10ns;

3 为 3 * 10ns＝30ns。

这样,就减轻了用户的负担。

(2) <信号名1>,<信号名2>,…,<信号名n>:一般信号名,最多可以指定255个信号。通常用二进制表示,详见表9-3。

(3) OCT(<信号名o1>,<信号名o2>,…,<信号名on>):用3个信号名合为一组。用八进制表示。0→7 高低电平,X 不确定,Z 高阻,R 上升,F 下降。

(4) HEX(<信号名h1>,<信号名h2>,…,<信号名hn>):用4个信号名合为一组。用十六进制表示。0→F 高低电平,X 不确定,Z 高阻。F是十六进制数中的一个数,因此对HEX,不允许设置"下降"逻辑状态。

2) 描述表

文件头与描述表之间至少要用一个空行隔开。

例如:有如下4个信号名为A0、A1、A2和A3,波形如图9-14所示。试用4位文件型信号描述其波形。

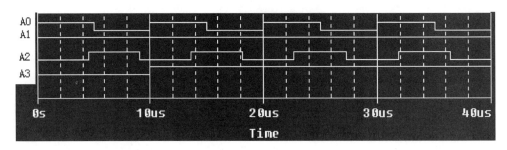

图 9-14 波形图

用二进制描述	用八进制描述	用十六进制描述
TIMESCALE = 0.5 μs	TIMESCALE = 0.5 μs	TIMESCALE = 0.5 μs
A0,A1,A2,A3	OCT (A1,A2,A3)	HEX(A0,A1,A2,A3)
1100	0 14	0 C
9 1110	9 16	9 E
10 0110	10 06	10 6
18 0100	18 04	18 4
20 0101	20 05	20 5

如是逐次描绘即可。还可以设循环,其格式如下:

```
REPEAT <n> TIMES
<各个时刻波形的描述>
ENDREPEAT
```

或

```
LABEL = <Label 名>
<各个时刻波形的描述>
<时间值> GOTO <Label 名><循环要求>
```

9.2.6 图形编辑型(DIGSTIMn)信号源

图形编辑型(DIGSTIMn)数字信号源的突出特点是可在 StmEd 图形编辑窗口下,形象直观地用人机对话方式编辑波形图,可在 SOURCSTM 中提取其符号,如图 9-15 所示。

图中,DIGSTIM 信号有 1 位、2 位、4 位、8 位、16 位和 32 位共 6 种。其中 1 位为时钟信号和一般信号,在 9.1 节已经介绍,这里不重述。现着重介绍总线信号波形设置。

1. 总线信号波形设置

设置步骤如下:

(1) 新建总线信号:激活 DIGSTIM 信号符号后,选择菜单 Edit/New Stimulus 命令打开对话框,在 Name 文本框输入信号名如 DSTM1,在 Digital 选项区选定 Bus,如图 9-16 所示。

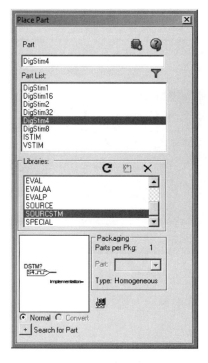

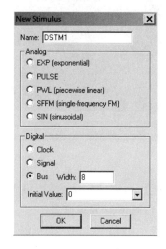

图 9-15　DIGSTIMn 信号源　　　　图 9-16　波形设置

图 9-16 中,Width 设置总线信号位数,默认值为 8;Initial Value 设置总线信号初值,默认值为 0。

上述 2 项设置完毕时,单击 OK 按钮,屏幕上将在 StmEd 窗口显示这 2 项设置,如图 9-17 所示。此处,表示总线信号任何时刻电平都是 0。

此外细心的读者已经发现在设置激励源信号时同样可以设置、编辑模拟电路瞬态分析中的五种瞬态源。这也为编辑瞬态源提供了另外一种方法。

(2) 设置总线信号波形:选择菜单 Edit/Add 命令或单击工具栏的  按钮,打开设置总线信号波形的窗口,此时光标改为铅笔形。

(3) 用铅笔型光标点击某一点,即从该时刻开始变化,如图 9-18 所示。

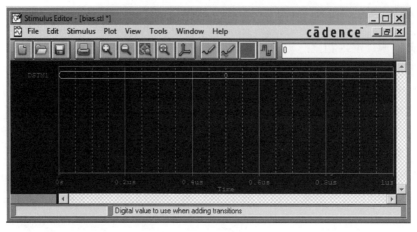

图 9-17　StmEd 窗口

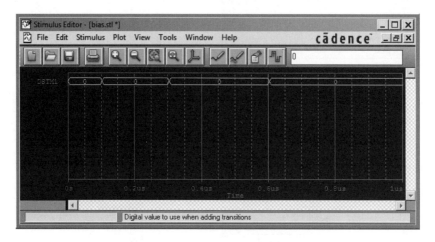

图 9-18　设置总线信号波形

（4）反复用步骤（2）、（3）进行设置，完毕时单击鼠标右键。

2. 总线信号波形编辑修改

选中一个总线信号电平"变化沿"后，选择菜单 Edit/Attributes 命令或双击变化沿或单击工具栏图标 按钮，打开如图 9-19 所示的编辑数字转换信号对话框。

图 9-19 中，Start Time 文本框下方 306ns 给出了当前逻辑电平变化沿所在位置，其后的括号中＋204ns 表示该变化沿与前一个变化沿之间相距 204ns；Value 栏下拉式列表中提供了 4 种逻辑电平。Transition Type 中，Set Value 表示从选中的变化沿开始，沿时间轴增加方向到下一个变化沿之间的总线信号电平；Increment、Decrement 表示从选中的变化沿开始到一个变化沿之间的总线信号电平从当前值增加或者减少。

另外还可以单击两个变化沿之间的总线信号波形，打开如图 9-20 所示对话框。同样可以编辑修改总线信号的逻辑电平。与图 9-19 相比，该图中多出了 Duration 一项，即给出了变化沿之间的时间范围。

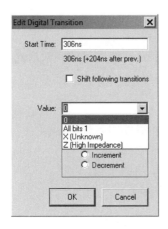

图 9-19 编辑数字转换信号对话框 1

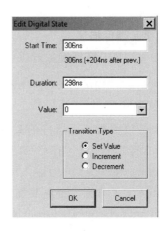

图 9-20 编辑数字转换信号对话框 2

3. 总线信号设置相关的任选项参数

在 StmEd 窗口中选择菜单 Tools/Option 命令，打开如图 9-21 所示对话框。

图 9-21 选项设置对话框

图 9-21 中，Bus Display Defaults 选项区设置总线信号参数，其中 Radix 表示采用哪一种进制数描述总线信号波形，包括二进制（B）、十进制（D）、八进制（O）和十六进制（H）。Width 表示总线信号的信号位数，默认值为 8 位。

9.3 数字电路最坏情况逻辑模拟分析

像模拟电路最坏情况一样，数字电路同样提供了最坏情况逻辑模拟分析，只不过此时考虑的已不再像模拟电路那样着重其输出值的偏移量，而将重点放在时序的问题上。现有的分析都是对标称值情况下的理想时序特性数字电路的模拟仿真。对实际的元器件而言，这些时序必定都有一段允许的误差范围，将其可能引起的效应纳入到模拟之中，使模拟的结果可信度提高就是本节重点介绍的内容。

9.3.1 数字电路模型

最坏情况逻辑模拟分析就是以数字电路时序模型为基础发展出来的。首先介绍通用的数字电路模型。

1. 数字元器件描述

在 7400.LIB 中模型参数皆以子电路形式存储。数字元器件描述的一般形式：

Uname＜type＞（＜nin ngate＞）＜Node *＞＜time model＞
+（Mntymxdly＝＜Value＞）（＜IO-level＝＜Value＞）

Uname：U 为数字元器件的关键字，Uname 为数字元器件的名称。

＜type＞：为类型名，有 A/D、D/A 转换器、门电路、触发器等。

（＜nin ngate＞）：nin 为输入端的个数，ngate 为简单门的个数。

＜node *＞：为输入节点和输出节点的个数（可以有多个）。

＜time model＞：门单位时间模型名。

（Mntymxdly＝＜Value＞）：门单位时间模型中，通常有三组门延迟时间值（最小值、最大值和典型（一般）值），以便用户根据需要选用。

$$\text{Mntymxdly}=\begin{cases}0 \text{ 用程序默认值} \\ 1 \text{ 用最小值延迟时间值} \\ 2 \text{ 用典型延迟时间值} \\ 3 \text{ 用最大延迟时间值} \\ 4 \text{ 最坏情况时序}\end{cases}$$

（＜IO-level＝＜Value＞）：用于选择输入输出接口模型子电路：

$$\begin{cases}0 & \text{用.OPT Digiolvl 的默认值，同 1。} \\ 1＝\text{ATOD1/DTOA1} & \text{含 R(上升沿)、F(下降沿)、X(不确定)等信号的较精确的} \\ & \text{接口模型子电路。} \\ 2＝\text{ATOD2/DTOA2} & \text{含 0,1,R,F 信号的较理想的接口模型子电路。} \\ 3＝\text{ATOD3/DTOA3} & \text{同 1。} \\ 4＝\text{ATOD4/DTOA4} & \text{同 2。}\end{cases}$$

例如：

U1 nand (2) A B Y D-00 IO-STD
+ Mntymxdly = 1 IO-level = 3

nand 表示"与非"门，A、B 2 个输入，Y 输出；D-00 为门单位时间模型名；用最小延迟时间值；用标准 I/O 接口模型；用较精确的接口模型子电路。

2. 时序模型

以 7402 的时序模型为例说明：

```
.model D_02 ugate(
+    tplhty = 12ns   tplhmx = 22ns
+    tphlty = 8ns   tphlmx = 15ns
+    )
```

7402 中的各项参数说明如下：

Tplhty 典型传输延迟时间（输出由低门限到高门限）；

Tplhmx 最大传输延迟时间（输出由低门限到高门限）；

Tphlty 典型传输延迟时间(输出由高门限到低门限);

Tphlmx 最大传输延迟时间(输出由高门限到低门限);

Tplhmn 最小传输延迟时间(输出由低门限到高门限)——此处未列出;

Tphlmn 最小传输延迟时间(输出由高门限到低门限)——此处未列出。

9.3.2 最坏情况逻辑模拟分析

在了解数字电路通用描述格式之后,本节以一简单的组合逻辑电路为例,介绍如何进行最坏情况逻辑模拟分析。电路如图 9-22 所示。

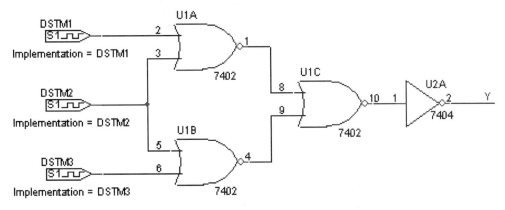

图 9-22 组合逻辑电路

图 9-22 中,DSTM1、DSTM2 和 DSTM3 都采用图形编辑型(DIGSTIMn)中的一般信号源(Signal),信号时间及状态值见表 9-4,设置完的信号图形如图 9-23 所示。

表 9-4 信号时间及状态值设置

DSTM1		DSTM2		DSTM3	
时间	状态	时间	状态	时间	状态
0u	0	0u	1	0u	0
1u	1	2u	0	3u	1
6u	0	5u	1	4u	0
7u	1	7u	0	8u	1
15u	0	10u	1	14u	0

瞬态分析设置:初值 0s,终值 20us,步长 0.1us。执行 PSpice 分析程序,标准状态下输出波形如图 9-24 所示。

再次打开模拟仿真设置对话框,选择 Options 标签页,设置最坏情况逻辑模拟分析,如图 9-25 所示。

设置完毕后,再次运行 PSpice 分析程序,输出波形如图 9-26 所示。

从图 9-26 中可知,当考虑了最坏情况后,这个组合逻辑电路已不再像图 9-24 所示的标准下的模拟结果那么完美了,因为这个与门的输出在 2.008us～2.037us 这段时间内都有可能由 0 变成 1(Probe 以一组向上升的斜线表示)。我们甚至可以据此推理:如果这个电路的输出门限接到下一级电路,尤其是时序逻辑电路时,便可能会产生时序上的错误,因此如

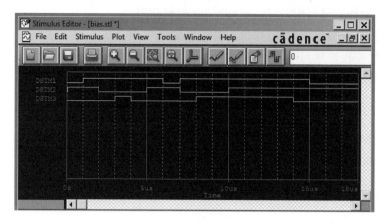

图 9-23　信号图形设置

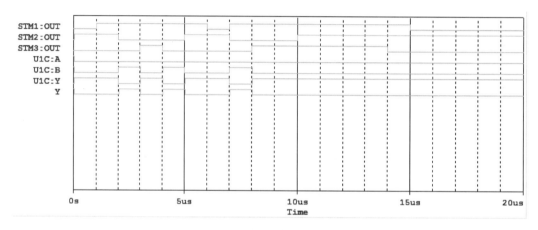

图 9-24　标准状态下输出波形

图 9-25　设置情况逻辑模拟分析

果要避免后级电路发生时序问题,就必须细心设计,让其状态时间不落在上述的不稳定区间内。

由以上的介绍说明,相信读者已经能深刻体会最坏情况逻辑模拟分析在数字电路设计上的重要性,在下一节中我们将更进一步介绍数字电路模拟上提供的一项更强大的功能——自动查错功能。

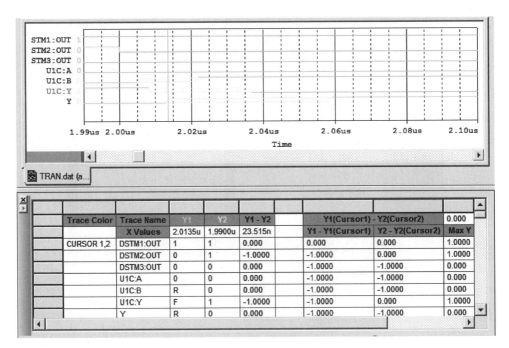

图 9-26　最坏情况逻辑模拟分析输出波形

9.4　数字电路的自动查错功能

在上节中我们介绍了最坏情况逻辑模拟分析方法,同时也对如何适当的安排输入信号时序做了定性的讨论,但复杂的时序问题往往发生在极短的时间之内(通常都在 10^{-9} ～ 10^{-6} 秒的范围内),这种时序出错的问题几乎不可能由人工的方式查出,针对这一情况,PSpice 提供了一项强大的功能自动查错功能。

本节还以 9.1 节中例题为例,说明数字电路如何执行自动查错功能分析。将数字激励信号均设置成高频信号,如图 9-27 所示,试探一下 J-K 触发器对高频信号的处理能力。

重新运行 PSpice 分析程序,分析结束,Probe 窗口打开如图 9-28 所示的仿真查错信息框提示有 1018 条查错信息产生。

选择 Yes,打开如图 9-29 所示的仿真信息查错总结对话框。

图 9-29 中,在 Minimum Severity Level 中根据逻辑错误的严重程度从高到低的顺序共分为 4 类:FATAL(致命错误)、SERIOUS(严重错误)、WARNING(警告)、INFO(提示信息)。

在左下方的仿真信息错误信息栏中说明了具体的错误信息,图中说明了 U1A 的时钟信号保持稳定的时间小于要求的最小稳定时间。常见的错误信息还有时序冲突信息等。

了解了错误的原因之后,当然要加以修正,本例的修改方式相对来说很简单,只要调整数字信号源的频率设置即可。在其他遇到问题的电路中往往不是这么简单的,有可能要经过反复的试验,采取的措施可能会有必须更换元器件,在适当的位置加上延迟时间的外围电

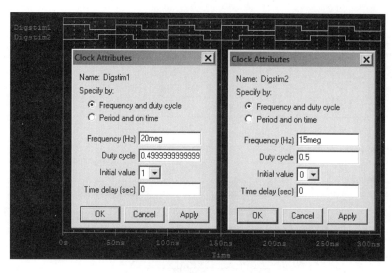

图 9-27　设置数字激励信号源参数

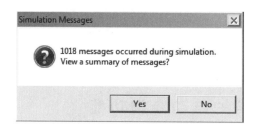

图 9-28　仿真查错信息框

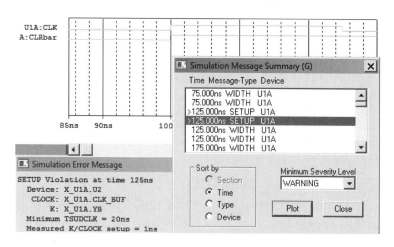

图 9-29　仿真信息查错总结对话框

路甚至会更改电路的设计方式。

　　必须特别说明的是,自动查错功能是针对是否违背其元器件模型参数所定义的基本时序而言,至于一般因为外在逻辑线路所引起的时序问题则不包括在其侦测范围之内。

9.5 数字电路分析例题

例 9-1 对常用的数字信号源进行瞬态分析,电路如图 9-30 所示。

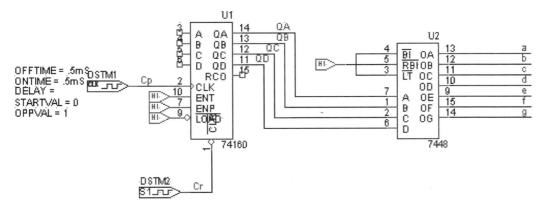

图 9-30 常用的数字信号源

DSTM2 的参数设置如图 9-31 所示。

COMMAND1	COMMAND2	COMMAND3	COMMAND4
0s 1	0.1ms 0	0.2ms 1	

图 9-31 DSTM2 的参数设置

瞬态分析参数设置:初值 0s,终值 10ms,输出波形如图 9-32 所示。

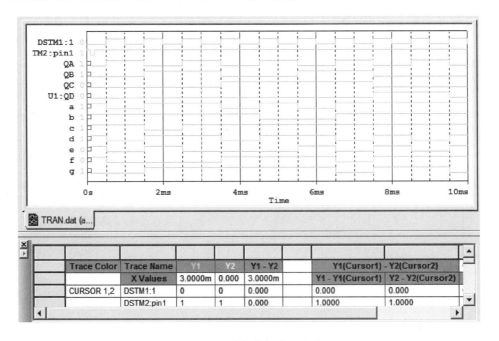

图 9-32 瞬态分析输出波形

例 9-2 数/模混合电路如图 9-33 所示,试分析输出输入波形。它与模拟电路的方法基本相同,也是先用 Capture 绘制电路图作为输入,其中有数字电路 7404(反相器)。

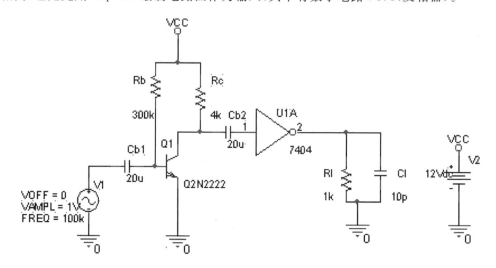

图 9-33 数/模混合电路

再调用 PSpice 作瞬态分析:初值设为 0s,终值设为 100us。分析结果如图 9-34 所示。

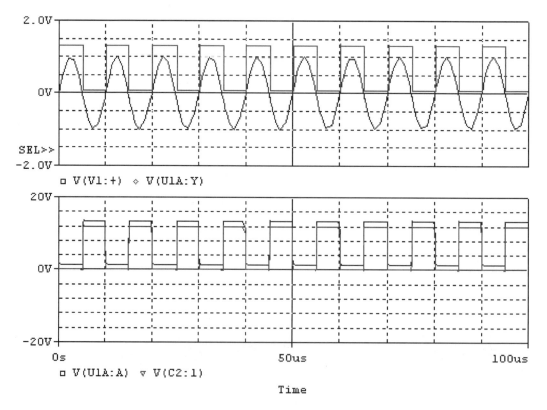

图 9-34 数/模混合电路分析结果

查阅输出文件可以了解 7404 的连接情况和 Rb 的误差设置如图 9-35 所示。

```
**** INCLUDING ad-SCHEMATIC1.net ****
* source AD
X_U1A          N000030 N00657 $G_DPWR $G_DGND 7404 PARAMS:
+ IO_LEVEL=0 MNTYMXDLY=0
Q_Q1           N00411 N00369 0 Q2N2222
C_C1           N00657 0  10p
V_V2           VCC 0 12Vdc
V_V1           N00303 0 DC 0 AC 0.01
+SIN 0 1V 100k 0 0 0
C_Cb1          N00303 N00369  20u
R_Rc           VCC N00411  4k
C_Cb2          N00411 N000020  20u
R_Rb           VCC N00369 R_Rb 300k
.model         R_Rb RES R=1 DEV=10%
R_R1           N00657 0  1k

**** RESUMING ad-schematic1-ad.sim.cir ****
.END
```

TOLERAN	Value
10%	300k

图 9-35　输出文件　　　　　　　　图 9-36　Rb 的误差设置

Rb 的误差设置是用如图 9-36 所示的参数设置栏进行设置的。

数/模混合电路也可以作蒙特卡洛分析。蒙特卡洛分析参数设置为：变量为(V(RL:!))；分析次数为 10 次；全部输出 ALL。分析结果如图 9-37 所示。

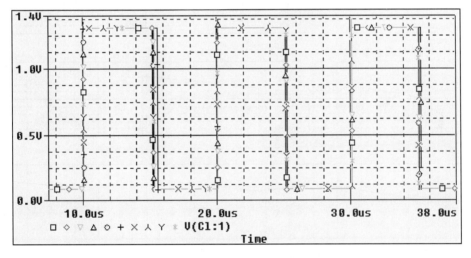

图 9-37　蒙特卡洛分析结果

例 9-3　用 IC555 做成方波发生器，如图 9-38 所示。这是普通的数字电路,也可以说是数/模混合电路。为进行分析可在 C1 参数设置中填加 IC=2V,即电容初始存储能量。

瞬态分析参数设置为：终值为 60us；初值为 0us。分析结果如图 9-39 所示。

在此基础上也可以进行最差情况分析,为此,先设置 R2、R3 有 10% 的误差。也可以调整 IC555 模型参数中延迟时间,也是数字模型唯一能进行调整参数。

最差情况分析参数几乎如前面完全一致。分析结果先展示输出的内容,如图 9-40 所示。

全选结果如图 9-41 所示。

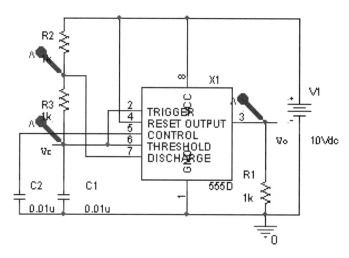

图 9-38　IC555 脉冲发生器

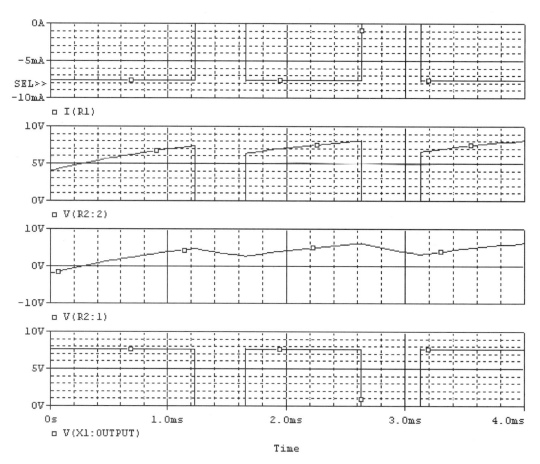

图 9-39　IC555 瞬态分析结果

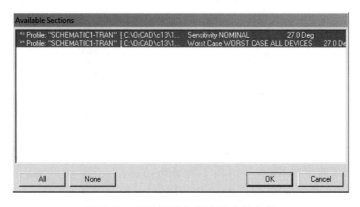

图 9-40 最差情况分析将输出的内容

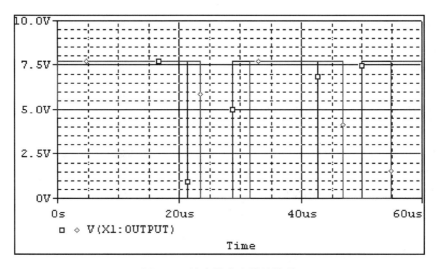

图 9-41 输出最小和最差情况

9.6 Cadence OrCAD PSpice A/D 分析小结

从第 3 章开始我们从实例中学习了 Cadence OrCAD PSpice A/D 的基本使用方法。将其归纳一下,不外是各种分析功能及其参数设置方法和 Probe(图形后处理器)的使用方法。

1. 分析类型

各种分析类型功能,见表 9-5。

表 9-5   PSpice A/D 分析功能一览表

直流分析 .DC (DCSweep)	交流分析 .AC (ACSweep)	瞬态分析 .TRAN (Transient)	参数分析 .PARAM (Parametric Sweep)	静态工作点 分析.OP (Bias Point)	温度分析 .TEMP (Temperature)	数字电路 分析
二次扫描 (Second Sweep)	噪声分析 .NOICE (Noice Analysis)	傅里叶分析 .FOUR (FourierAnalysis)		直流传输特性 .TF (Transfer Function)		

续表

蒙特卡洛分析 .MONTE (MonteCarlo)		直流灵敏度分析 (.Sens)	
最坏情况分析 .WOST (Wost Case)		输入、输出电阻	

通过第3～9章的学习,读者不但要了解分析控制语句本身的含义,还要掌握参数设置方法以及 plot、probe 的应用。尤其对三大(基本)分析:直流、交流和瞬态分析,更要熟练。

2. PSpice 的数据输出

在 PSpice 中,已将计算数据用 Probe 图形编辑器处理成各种图形供用户使用。如用户仍需要某些原始数据和图形时,可在 SPECIAL.olb 库中提取相同的".PRINT"、".PLOT"等点语句的图形符号,如图 9-42 所示。

从中调用所需图标放在预定位置,如图 9-43 所示。IPLOT、IPRINT 输出所需电流原始曲线和数据,它应串联在电路中;VPLOT、VPRINT,有一根线的测节点电压,两根线的测电压需要并联在所测支路上。一般用一两个(如 VPRINT、VPLOT)即可。然后调出属性设置框,设置相关属性,选中需要的分析类型和输出信号类型,如以 IPRINT 属性设置框为例,如图 9-44 所示。

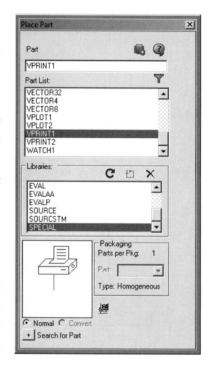

图 9-42 SPECIAL.olb 库

图 9-44 中,在相应的分析中设置分析类型(如进行交流分析),可在 AC 列对应的属性项设置为 y 即可。如果希望输出的数据文件是极坐标形式,在 MAC 和 PHASE 列对应的属性项设置为 y。如果希望输出的数据文件是直角坐标形式,在 IMAC 和 REAL 列对应的属性项设置为 y。实际应用的数据输出电路如图 9-45 所示。

运行后原始数据输出(部分)如图 9-46 所示。

有关 Probe 图形编辑器的使用再说明两点。一是作瞬态分析时程序必然先做静态工作点分析,以便确定小信号模型的初始值,所以可用按下 V 键和 I 键观察静态工作点。二是图形中 Probe 游标 的使用技巧,如图 9-47 所示。Y1 为高峰值 12.856V、Y2 为低峰值 12.543V,Y1-Y2 为峰峰值 321.286mV。

3. 参数初始偏置条件的设置

PSpice 提供了 4 种设置初始偏置条件的方法。

电路图编辑时(3种):可以设置电容和电感元器件的 IC 属性参数值,采用 IC 符号和采

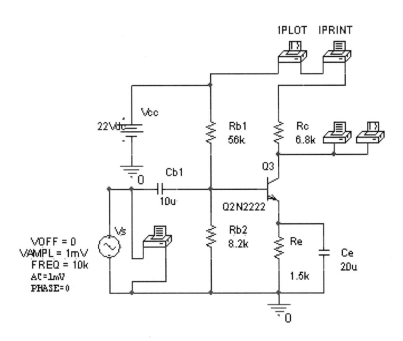

图 9-43 原始数据的输出电路

			AC	C	DB	DC	D	G	ID	IMAG	I	I	L	L	MAG	N	P	P	PHASE	P	P	P	REAL	Reference	S	S	S	TRAN	Value
1	⊞	SCHEMATIC1 : PAGE1 : PRINT2							IP						PS	2	4			P		D	P	T		PRINT2		/	/		IPRINT

图 9-44 属性设置框

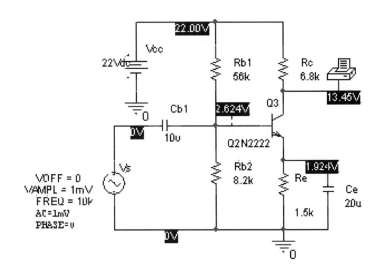

图 9-45 实际应用的原始数据输出电路

用 NODESET 符号(迭代求解直流偏置时指定节点间的初始条件)。

电路模拟分析时采用以前的直流偏置计算结果作为本次直流偏置的初始条件。

例 9-4 这里主要以一模拟电路为例简单介绍 IC 符号的用法,电路如图 9-48 所示。

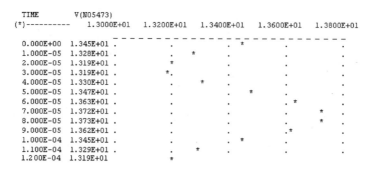

图 9-46　原始数据输出

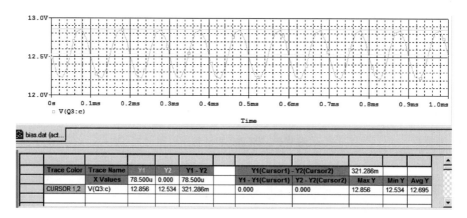

图 9-47　图形中游标的使用

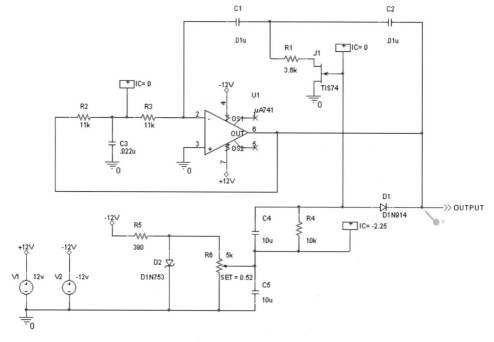

图 9-48　带有 IC 符号的模拟电路

图 9-48 中,IC 符号是在 SPECIAL.olb 库中提取的,主要是用于设置电路中不同节点
处的偏置条件。IC 符号在实际电路中就是指定了相应节点处的偏置解。输出波形如
图 9-49 所示。

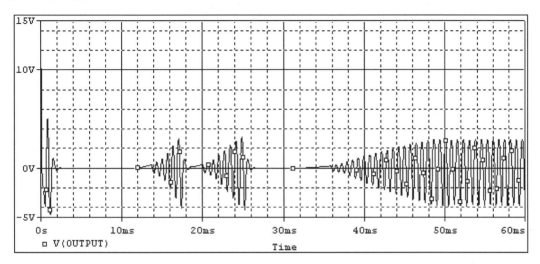

图 9-49　带有 IC 符号的模拟电路输出波形

说明：IC 符号在直流特性扫描分析中不起作用,当同时加有 IC 和 NODESET 符号时,
IC 符号作用优先,即可不考虑 NODESET 符号的作用。

第 10 章

PSpice-AA 模型参数库

　　PSpice A/D 中用的模型参数多是标称值,而在调用 PSpice-AA 进行设计时需要一些与 PSpice A/D 不同的模型和可变参数,它们都存于 PSpice-AA 模型参数库中,本章介绍这些模型参数的调用方法并以射频放大器为例进行介绍。它用于 PSpice-AA 进行设计的电路如图 10-1 所示。

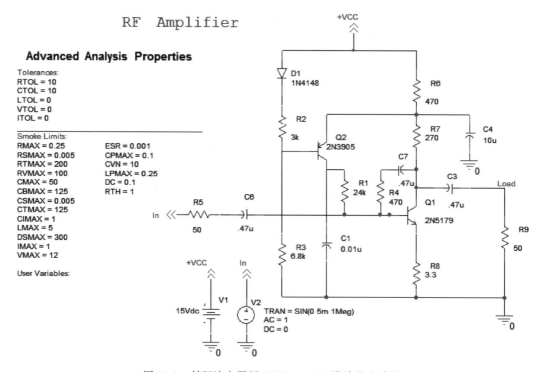

图 10-1　射频放大器用于 PSpice-AA 设计的电路图

　　图中多了一个带有优化设计用变量参数表,在容差 Tolerances 栏下分别是描述电容、电阻、电感等的容差变量名(如 RTOL 为电阻容差变量名)和其参数值(如 RTOL＝10%, "%"省略);在 Smoke Limits 栏下分别是描述电阻、电容、电感、二极管、电流源和电压源等的电应力变量名和参数值。这些参数的作用内容后述,先介绍如何搜索图中绘制的元器件模型。

10.1 查找 PSpice-AA 模型参数库

首先,找到 PSpice 库,如图 10-2 所示。

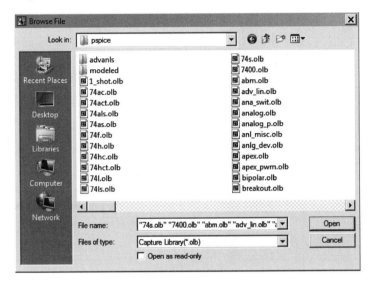

图 10-2 找到 PSpice 库

图中的库是 PSpiceA/D 模型库,左上角的 advanls 文件夹,存放的就是所要的 PSpice-AA 参数库,打开文件夹如图 10-3 所示。

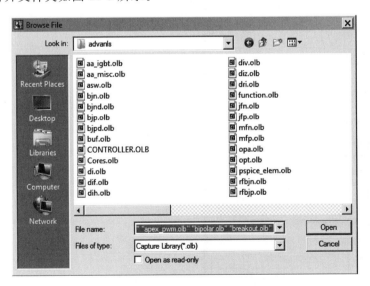

图 10-3 找到 PSpice-AA 库

PSpice-AA 库中共有 35 个库文件、4300 多个元器件仿真模型。库中没有的元器件参数,可以在标准 PSpiceA/D 模型中自行添加相关参数,做成 PSpice-AA 元器件仿真模型。将上述库文件一部分或全部进行加载以便调用。

10.2　查找元器件

查找元器件的基本方法是搜索法和查库法,这和标准 PSpiceA/D 查找元器件是一样的。搜索法是在 Search For 文本框中输入已知元器件名称,如电阻 Resistor,然后单击 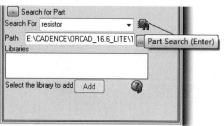 按钮开始搜索,如图 10-4 所示。

搜索结果为 RESISTOR/EVALLAA. OLB 和 RESISTOR/pspice_elem. olb 两个库文件,如图 10-5 所示。然后将 RESISTOR/pspice_elem. olb 激活,单击 Add 按钮,出现电阻图标如图 10-6 所示。如果元器件名称不确定,也可加"∗"号以代之,如 RESIS∗ 来进行搜索查找。

图 10-4　搜索法

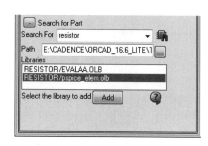

图 10-5　搜索结果

图中右下角 为 PSpice-AA 器件仿真模型标志符。此时单击 OK 按钮就将电阻 R1 取到画面,如图 10-7 所示。

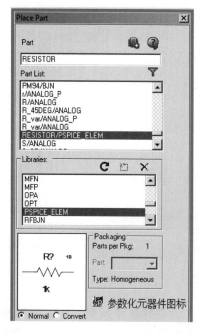

图 10-6　电阻 R 的图标

图 10-7　电阻 R1

如果已知电阻 R 仿真模型是在 RESISTOR/pspice_elem.olb 库中,可利用查库法直接点其库取之,如图 10-8 所示。

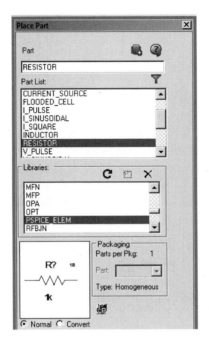

图 10-8　查库法

采用上述方法可查找出射频放大器等常用电路的仿真模型,如图 10-9 所示。

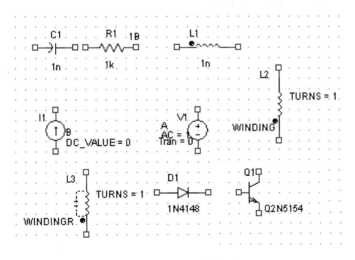

图 10-9　常用的仿真模型

另外,还可以在高级分析库清单(Advanced Analysis Library List)中查找相应参数化元器件库及其相关信息。具体查找步骤如下:在 Windows 开始菜单的 Cadence/OrCAD 16.6 程序文件中选择 Online Documentation,或者在 PSpice 帮助菜单中选择 Manuals,出现 Cadence 文档窗口,在该窗口单击 PSpice 目录,在显示的目录文档界面中,双击

Advanced Analysis Library List,将高级分析库清单文件调出,供操作者选择使用。高级分析库清单中的部分实例,见表 10-1。

表 10-1　高级分析库清单中的部分实例信息

器件类型	元器件名	元器件符号名	器件库文件名	生产厂家	TOL (容差)	OPT (优化)	SMK (应力)	DIST (分布)	仿真类型
Opamp	AD101A	AD101A	OPA	Analog Devices	Y	Y	Y3	Y	P,D,A
Bipolar Transistor	2N1711	2N1711	BJN	Motorola	N	Y	Y	N	P,D,A
Analog Switch	DG183	DG183	ASW	Intersil	N	Y	N	N	P,D,A
Diode	SG213D	SG213D	DI	NEC	N	Y	Y	N	P,D,A

注:表中仿真类型一栏,P 代表 PSpice,D 代表 PSpiceA/D, A 代表 PSpice-AA。

10.3　设置高级分析参数

10.3.1　高级分析的元器件参数

"参数"是表明电路中元器件性质的量,为了更好地调用 PSpice-AA 高级分析工具,现将高级分析工具运行时涉及的模型参数做如下总结,见表 10-2。

表 10-2　高级分析需要的模型参数

高级分析工具	需要的模型参数
灵敏度分析(Sensitivity)	容差参数(Tolerance parameters,TOL)
优化设计(Optimizer)	优化参数(Optimizable parameters)
蒙特卡洛分析(Monte Carlo)	容差参数(Tolerance parameters,TOL)
	分布参数(Distribution parameters,DIST)
电应力分析(Smoke)	应力参数(Smoke parameters)

1. 容差参数(Tolerance parameters,TOL)

灵敏度分析和蒙特卡洛分析所涉及的电路仿真模型必须设置容差,容差参数定义了允许实际的元器件参数相对于标称值的(正向或负向)偏离的大小(多用百分比表示)。例如,电阻 R 标称值为 $1k\Omega$,如容差参数 $R_{TOL}=+10\%$ 或 $R_{TOL}=-10\%$,即实际阻值最大允许为 $1.1k\Omega$,最小允许为 900Ω;电容标称值为 $0.47\mu F$,如容差参数 $C_{TOL}=+10\%$ 或 $C_{TOL}=-10\%$,即实际电容值最大允许为 $0.517\mu F$,最小允许为 $0.423\mu F$。

2. 优化参数

优化参数是指优化过程中能够对其进行调整的元器件参数。如无源元器件电阻 R、电容 C 等,优化参数就是其元器件值;对有源元器件如晶体管,优化参数是其模型参数,如电流放大倍数 β。

3. 分布参数

分布参数定义了分布函数 DIST 的类型:高斯(GAUSS)分布(用得最多)、平均分布和自定义分布。用来描述元器件参数分散性服从的分布规律。在进行蒙特卡洛分析时,通过分布函数在元器件容差规定的允许范围内随机选取元器件的参数值。

4. 应力参数(Smoke)

它描述了元器件的最大(安全)工作额定值。如电阻应有:

(1) 应力参数 POWER＝0.25W,描述电阻允许承受的最大耗损功率;

(2) 应力参数 MAX－TEMP＝200℃,描述电阻允许承受的最高温度。

上述 4 种参数可以逐一元器件添加,并通过属性参数编辑器分别设置高级分析参数值。若所有电阻参数都采取同一值,如都是 200℃,都一一添加则显得相当烦琐,为了更方便快捷的解决这一问题,希望当参数值变化时也能方便地改变参数值的设置,因此,PSpice 软件提供了一种"设计变量表"(Variable Table)方法,即为电路设计中同一种元器件的高级分析参数同时设置参数值。如由 200℃变为 150℃,用虚拟变量就可以解决这一问题。

10.3.2　设计变量表

PSpice 软件提供的"设计变量表"方法,是以一种全局方式来设置高级分析的参数值。"设计变量表"符号可以在特殊符号 SPECIAL 库中查得 VABIABLES,如图 10-10 所示。

将查到的符号如同放置元器件那样,放置在电路图上,图 10-11 所示。

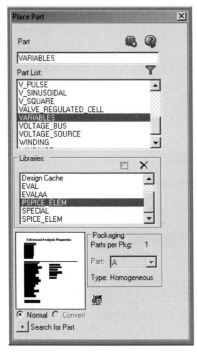

Advanced Analysis Properties

Tolerances:
RTOL = 0
CTOL = 0
LTOL = 0
VTOL = 0
ITOL = 0

Smoke Limits:

RMAX = 0.25	ESR = 0.001
RSMAX = 0.0125	CPMAX = 0.1
RTMAX = 200	CVN = 10
RVMAX = 100	LPMAX = 0.25
CMAX = 50	DC = 0.1
CBMAX = 125	RTH = 1
CSMAX = 0.005	
CTMAX = 125	
CIMAX = 1	
LMAX = 5	
DSMAX = 300	
IMAX = 1	
VMAX = 12	

User Variables:

图 10-10　查找"设计变量表"符号　　　　图 10-11　变量表"VABIABLES"

注意:在库文件中的 2 个 SPECIAL 库中都能查得 VABIABLES 参数,功能一致。

为了修改设计变量表符号中变量名的参数值时不发生混乱,PSpice 对表示每一类型高级分析参数值的变量名作了严格的规定。例如,电阻的高级分析参数与变量名见表 10-3。

表 10-3　电阻的高级分析参数与变量名

参数类型	参数名	虚拟变量	示　　例
容差参数	POSTOL(正向)	RTOL	RTOL=10(所有电阻正负向容差皆为10%)
	NEGTOL(负向)		
应力参数	MAX-TEMP	RTMAX	RTMAX=200(所有电阻最高温度皆为200℃)
	POWER	RMAX	RMAX=0.25（所有电阻功耗皆为0.25W)
	SLOPE	RSMAX	功耗导致元器件发热温度上升的变化率 SLOPE 参数 RSMAX=0.005W/℃
	VOLTAGE	RVMAX	RVMAX=100V(所有电阻承受最大电压为100V)

采用这些变量名设置电阻 Smoke 属性参数情况如图 10-12 所示。

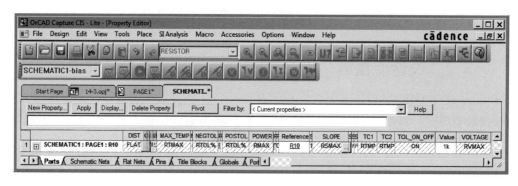

图 10-12　采用变量名设置电阻符号的高级分析参数

如想要修改这些虚拟变量值,可以如同图 10-13 所示那样,对元器件的参数值进行调整和修改,这和标准 PSpiceA/D 操作相同。

变量表中的电容 C、电感 L 等无源元器件设计参数的含义与电阻 R 的参数相似,有关参数设置将在 5 个工具的使用过程中逐步加以说明。

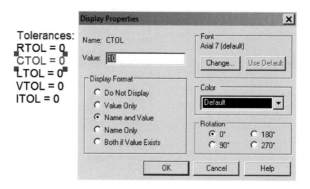

图 10-13　修改虚拟变量

注意:直接在电路设计图中采用属性参数编辑器为某个元器件设置参数值,将覆盖原有变量表中该参数变量名的参数值。

第 11 章

CHAPTER 11

灵敏度分析（Sensitivity）工具的使用

调用 PSpice-AA 进行电路优化设计，一般是先进行灵敏度（Sensitivity）分析，以便确定电路中对指定的电路特性影响最大的关键元器件参数进行优化。PSpice-AA 中的 Sensitivity 工具可以对多种电路特性进行直流、交流和瞬态灵敏度分析，解决了以前版本中只局限于作直流灵敏度分析的问题。针对电路中不同的元器件特性可以通过 Sensitivity 分析找出最关键的元器件。这些最关键的元器件既指出容差类型及其参数值的大小，又可作为 Optimizer/Monte Carlo 的候选角色；同时也可以指出影响较小的关键元器件，在不影响设计的效率或品质率的前提下，做出较好选择，以便减少成本。可见，灵敏度分析既是参数优化设计的前提和基础，又是容差分析的基础。本章主要介绍 Sensitivity 工具对电路进行灵敏度分析的具体使用方法。

11.1 电路原理图设计及电路模拟仿真

11.1.1 电路原理图设计

调用 Cadence OrCAD Capture 进行电路原理图设计，仍以射频放大器为例，如图 11-1 所示。在第 10 章已经对调入 PSpice-AA 参数库绘制电路原理图作过介绍，读者不用作任何修改就可以进行相关模拟分析。

对于电路图中元器件参数设置一般是要自行设计的，其中无源元器件电阻 R、电容 C 是最常用的元器件。将 PSpice-AA 参数库的电阻 R 调出，将其符号双击就可以调出它的属性如图 11-2 所示。

图中，负容差（NEGTOL）：虚拟变量（RTOL%）＝ 10（见设计变量表）；正容差（POSTOL）：虚拟变量也用（RTOL%）＝（也是）10（见设计变量表）。

11.1.2 电路模拟仿真

调用 PSpice 对射频放大器电路进行交流分析，并检查结果。交流分析模拟仿真参数设置如图 11-3 所示。

交流分析结果及电路输出波形如图 11-4 所示。从图中可以看出增益、带宽均为适宜，对标称值设计已经理想。下一步是灵敏度分析。

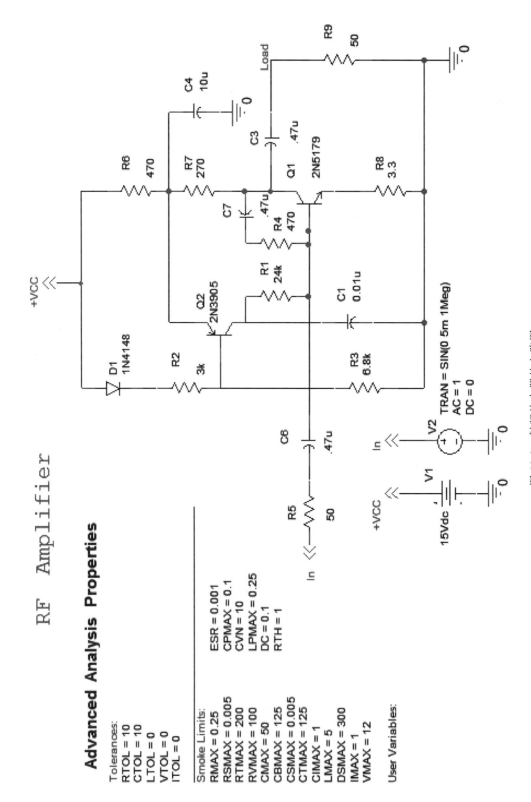

图 11-1 射频放大器的电路图

MAX_TEMP	Name	NEGTOL	Part Reference	PCB Footprint	POSTOL	POWER
RTMAX	INS109	RTOL%	R10		RTOL%	RMAX

图 11-2 采用虚拟变量名设置电阻的 AA 参数

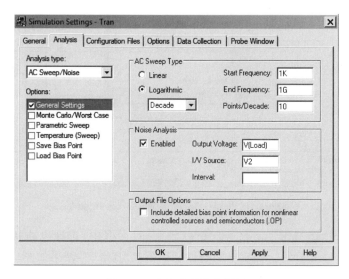

图 11-3 交流分析参数设置

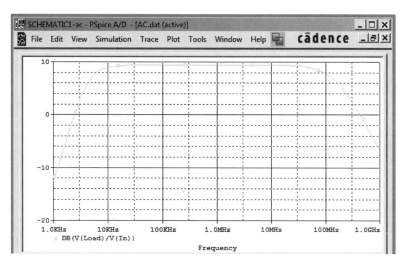

图 11-4 交流分析结果

11.2 确定电路特性参数

为进行灵敏度分析将电路特性参数(带宽、增益)细化,在交流分析结果输出时,可在显示模拟分析结果的 Probe 窗口中,选择菜单 Trace/Evaluate Measurement 命令,如图 11-5 所示。

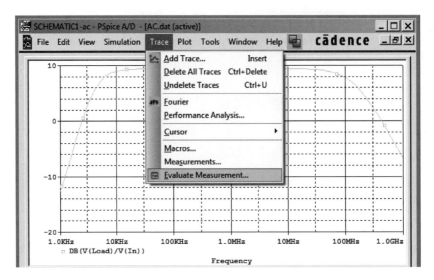

图 11-5　Trace/Evaluate Measurement 命令

　　在打开的 Evaluate Measurement（跟踪测量）对话框中，选择电路特性函数 3dB 的带宽，具体设置如图 11-6 所示。确定电路特性函数值（3dB 带宽）结果如图 11-7 所示。

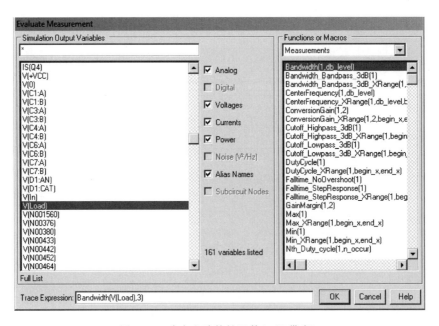

图 11-6　确定电路特性函数（3dB 带宽）

　　同理，可确定最大增益 Max 的 dB 值，确定的结果如图 11-8 所示。

　　从图中显示的结果可以确定电路特性函数值：最大增益值为 9.41807dB；带宽为 150.57877meg（兆）Hz。

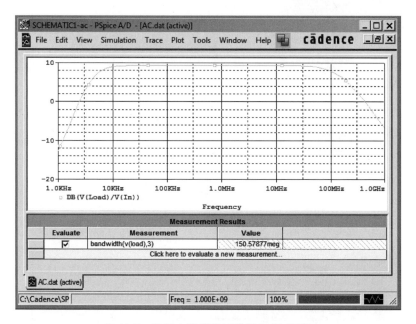

图 11-7　确定电路特性函数值(3dB 带宽)

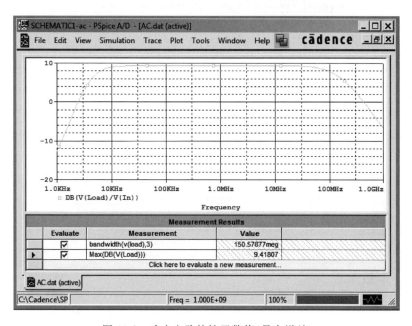

图 11-8　确定电路特性函数值(最大增益)

11.3　调入、运行 Sensitivity 工具

调入 Sensitivity 工具的方法如图 11-9 所示。运行 Sensitivity 则打开 Sensitivity 工具窗口,如图 11-10 所示。

图中,①区为 Parameters 元器件数据显示区,此时尚未运行 Sensitivity,所以只有标称

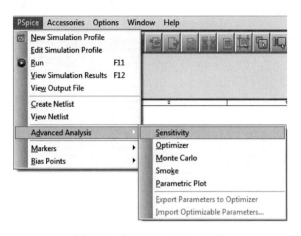

图 11-9   调入 Sensitivity 工具

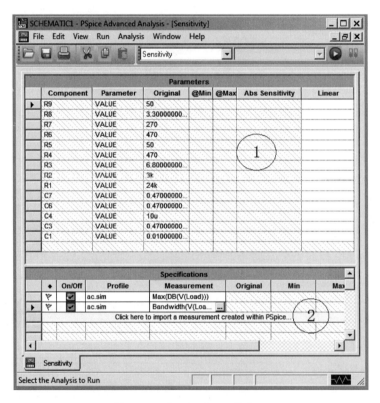

图 11-10   Sensitivity 工具窗口

值一列有数据。②区为电路特性函数(Specifications)调整区。先介绍②区。

11.3.1   电路特性函数(Specifications)调整区

由于用标准 PSpice 对电路特性函数作过严密准确的分析,结果显示理想,所以一般不要轻易改动。**Specifications** 为该区标志。Click here to import a measurement created within PSpice 意为添加电路特性函数文件,单击则打开对话框,列出已调用过的 Max 和

Bandwidth 电路特性函数,如图 11-11 所示。

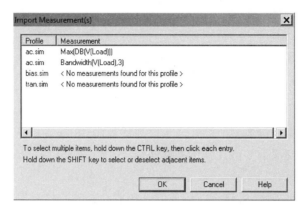

图 11-11 添加电路特性函数文件

如果需要选用未列在 Import Measurement(s)对话框中的电路特性函数,可以选择菜单 Analysis/Sensitivity/Create New Measurement 命令,打开 New Measurement 对话框,新建相应的电路特性函数,如图 11-12 所示。

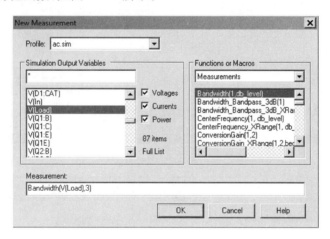

图 11-12 New Measurement 对话框

此外新建电路特性函数,与单击 `Click here to import a measurement created within PSpice` 所添加的电路特性函数作用相同。

下面将分别介绍 Sensitivity 工具窗中电路特性函数调整区表格各列功能、用法:

1. ▶ 列

为选中标志。有三角形的行,其电路特性函数可以调整。

2. ⚐ 列

为运行状态标志。绿旗 ⚐ 表示运行正常;红旗 ⚐ 则表示运行出错,将光标移此则显示有关错误信息,如图 11-13 所示。

3. On/Off 列

为最坏(极端)情况分析标志。选中后(显示为 ☑),灵敏度分析才会调用该单元格所在行描述的电路特性函数。

				Specifications		
●	On/Off	Profile	Measurement	Original	Min	Max
▽	☑	ac.sim	bandwidth(V(R10),3)			
▽	☑	ac.sim	max(db(v(load)))	9.4181		
▶		Invalid measurement argument. (Spec: bandwidth(V(R10),3), File:AC.sens.				
		Click here to import a measurement created within PSpice.				

图 11-13   显示出错信息

4. Profile 列

电路特性函数模拟分析类型。此处显示该列均为 ac.sim，说明分析的增益和带宽两个电路特性函数均属于交流信号仿真分析类型。

5. Measurement 列

电路特性函数名称，描述电路特性函数的具体表达形式。所有电路特性函数名称确定后，当选定 RUN 菜单命令后，程序开始运行并显示数据，如图 11-14 所示。

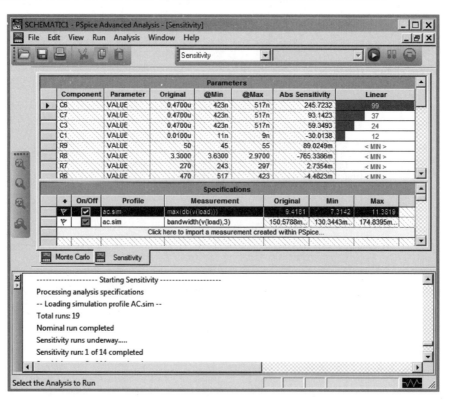

图 11-14   显示灵敏度分析程序运行结果

6. Original 列

电路特性函数标称值。

7. Min 列

最坏(极端)情况列：电路特性函数最小值。

8. Max 列

最坏(极端)情况列：电路特性函数最大值。由于灵敏度有正向、负向变化，因此计算得到的极端情况电路特性值随之也出现最大、最小值。

11.3.2　Parameters 元器件数据区

先选定百分比(相对)灵敏度或单位(绝对)灵敏度,具体操作如图 11-15 所示。

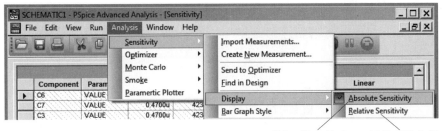

图 11-15　Analysis 菜单中灵敏度显示类型

图中选择相对灵敏度,运行后该区显示数据如图 11-16 所示。

Parameters						
Component	Parameter	Original	@Min	@Max	Rel Sensitivity	Linear
R9	VALUE	50	45	55	44.5124m	99
R4	VALUE	470	423	517	37.3404m	83
R5	VALUE	50	55	45	-36.1143m	81
R8	VALUE	3.3000	3.6300	2.9700	-25.2562m	56
R6	VALUE	470	517	423	-21.0666m	47
R3	VALUE	6.8000k	7.4800k	6.1200k	-13.9678m	31
R2	VALUE	3k	2.7000k	3.3000k	13.2342m	29
R7	VALUE	270	243	297	7.3856m	16
C6	VALUE	0.4700u	423n	517n	1.1549u	< MIN >
C7	VALUE	0.4700u	423n	517n	437.7688n	< MIN >
C3	VALUE	0.4700u	423n	517n	278.9415n	< MIN >
C1	VALUE	0.0100u	11n	9n	-3.0014n	< MIN >
C4	VALUE	10u	11u	9u	-2.2473n	< MIN >
R1	VALUE	24k	21.6000k	26.4000k	95.0807u	< MIN >

Specifications						
◆	On/Off	Profile	Measurement	Original	Min	Max
▽	☑	ac.sim	max(db(v(load)))	9.4181	7.3142	11.3819
▽	☑	ac.sim	bandwidth(v(load),3)	150.5788m	130.3443m	174.8395m
			Click here to import a measurement created within PSpice...			

Monte Carlo　Sensitivity

图 11-16　相对灵敏度数据显示界面

　　还要确定灵敏度大小比较时所用坐标是采用线性(Linear)比例的还是采用对数(Log)比例的,具体操作如图 11-17 所示。

　　以上各部分准备得越细致,后面出现错误的几率就越小。对于灵敏度分析类型和坐标系的选取同样可以在 Parameters 表格区的快捷菜单中执行相应的命令程序,这与执行 Analysis 命令下的相关命令程序的作用是一致的。

　　再看元器件数据区,如图 11-18 所示。从中可以看出共分为 8 列,下面将分别介绍 Sensitivity 工具窗中元器件数据显示区表格各列功能、用法。

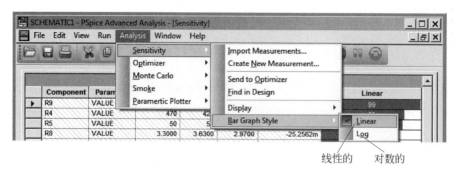

图 11-17　灵敏度分析的坐标选取

图 11-18　灵敏度分析元件数据显示区界面

1. ▣▶ 列

为选中标志列，可调。

2. Component 列

元器件名称，单击标题栏可改变其排列顺序。

3. Parameter 列

元器件参数类型，可调整的参数元器件值为 VALUE；对模型参数，该列显示的是模型参数名称。

4. Original 列

电路设计参数的标称值。

5. @Min 列

由于在 Parameters 表中各个元器件均设置有容差，所以各个元器件参数值就有最大值、最小值，用于计算极端情况下的电路特性值。

6. @Max 列

解释同上。

7. Rel Sensitivity 列/Abs Sensitivity 列

Rel Sensitivity 列：显示相对灵敏度。Abs Sensitivity 列：显示绝对灵敏度。

8．Linear 列/Log 列

灵敏度大小比较。这一列是以条状图形表示不同元器件参数灵敏度的相对大小。分为线性（Linear）比例坐标和对数（Log）比例坐标，当灵敏度值很小但不为零时，显示<MIN>。

11.4　灵敏度结果的分析

Sensitivity 工具运行后，可以在如图 11-16 所示的 Sensitivity 工具窗口查看相关的显示信息。分析 Sensitivity 工具运行结果，在此基础上，修改元器件参数设置，改进电路设计，并把生成的灵敏度信息结果传送给其他优化工具。

1．修改最灵敏的元器件参数

在电路图中查找最灵敏的元器件，并修改它们的参数值大小，更好地适应电路设计要求。如图 11-19 所示，在 Sensitivity 工具窗口的 Parameter 表格区选中一个元器件名称，单击右键，在出现的快捷菜单中，选择 Find in Design 命令，将使电路图中该元器件处于选中状态，同时窗口切换为电路图绘制软件 Capture 窗口。

图 11-19　Parameter 表格区
快捷菜单命令

在 Sensitivity 工具窗口还可以选择菜单 Analysis/Sensitivity/Find in Design 子命令，其功能作用与执行快捷菜单中的 Find in Design 命令相同。

2．设置好的灵敏度信息结果传送给其他优化工具

在 Sensitivity 工具窗口的 Parameter 表格区选中要进行优化设计的元器件名称，单击右键打开快捷菜单，选择 Send to Optimizer 命令把元器件参数发送给 Optimizer 工具，进行元器件参数的优化设计分析。如图 11-20(a)所示。

同样，在 Sensitivity 工具窗口的 Specification 表格区选中要进行优化设计的电路特性函数名称，单击右键打开快捷菜单，选择 Send to 命令把元器件参数发送给 Optimizer/Monte Carlo 工具。如图 11-20(b)所示。

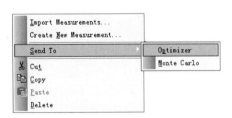

(a) Parameter表格区快捷菜单　　　(b) Specification表格区快捷菜单

图 11-20　Sensitivity 工具窗口快捷菜单

若要查看灵敏度原始数据，只要选择如图 11-21 所示命令，即可调出 Sensitivity 分析结果清单。图中显示的是最后的第 18 次运行结果。

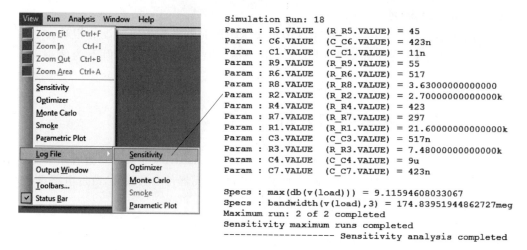

图 11-21   查找灵敏度原始数据

第 12 章

优化（Optimizer）工具的使用

Cadence OrCAD PSpice-AA 中的 Optimizer 工具可以对多种电路特性进行直流、交流和瞬态优化分析。相对于以前的 PSpice 优化分析，在 PSpice-AA 高级分析中，新的 Optimizer 在满足电路设计要求的基础上，使电路特性得到最大的改善提升，实现电路的最优化设计。本章主要介绍优化（Optimizer）工具对电路进行优化分析的具体使用方法，了解它也就掌握了 PSpice-AA 的主要内容。

12.1 优化设计引擎

Optimizer 工具采用多种优化算法（又称为优化引擎）来完成最佳化电路的设计。PSpice/Optimizer 对单目标优化可以在 Optimizer 窗口选择 Edit/Profile Settings 命令，打开 Profile Settings 对话框，在 Optimizer 标签页中显示以曲线作为优化指标的参数设置及优化引擎相关的参数设置，通过 One Goal 栏，选择直接最小算法（Minimize），即是导数法，或最小二乘法（Least Squares）。多目标函数均是用最小二乘法，其中又分为改进的最小二乘法（Modified Least Squares Quadratic Modified LSQ）、随机引擎（Random engine）和离散引擎（Discrete engine），如图 12-1 所示。

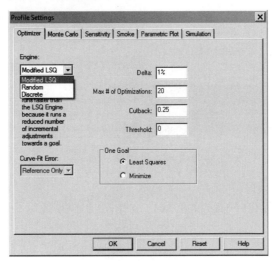

图 12-1　Optimizer 工具主要分析引擎

三种优化引擎的功能特点如下：

1. 改进的最小二乘法（Modified LSQ，MLSQ）

采用该引擎能快速地确定被测量目标函数的最佳值。改进的最小二乘法引擎使用的是有约束和无拘束的最小化运算法则，允许它将优化目标按非线性特点来约束。通常改进的最小二乘法引擎比最小二乘法引擎运行得更快更准确。

2. 随机引擎（Random engine）

选用随机引擎，随机的选取优化初始值，将解决 MLSQ 和 LSQ 不能确定初始值和局部最小极值点的问题。

3. 离散引擎（Discrete engine）

离散引擎是指选定与优化结果要求最接近的商品化元器件系列标称值。可以通过 Discrete Files 来添加、删除相应的离散文件，在 Discrete Table 中选择符合设计要求的离散值系列。

上述 3 种优化引擎的具体功能参数在实际应用中一般不用改动，均采用默认值就能很好地完成优化任务。若有特殊要求，可以根据实际设计要求调整。在实际优化过程中，通常是几个优化引擎结合起来综合使用。一般选用的顺序是：首先是随机引擎，然后是改进的最小二乘法，最后是离散引擎分析。其中运用最广的是改进的最小二乘法。

12.2 启动 Optimizer 工具

本章仍然以射频放大器为例，设置交流模拟分析（不多赘述，参看第 11 章 11.1 节相关内容），要求该射频放大器的增益在 5 ~ 24.5dB 范围内，带宽不小于 200MHz，启动 Optimizer 工具与启动 Sensitivity 工具方式类似，如图 12-2 所示。

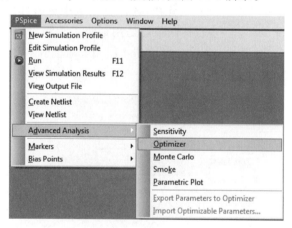

图 12-2　启动 Optimizer

打开 Optimizer 工具窗口，如图 12-3 所示。

图中，①、②、③为优化分析结果显示区（也是高级分析（AA）5 个工具各自不同结果的显示区）。

（1）Parameters 表格区：显示优化过程调整元器件参数区。

（2）Specifications 表格区：显示优化过程调整目标函数和约束条件区。

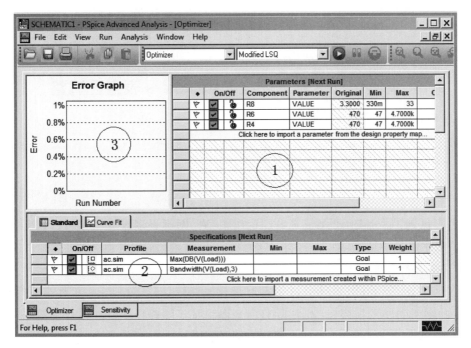

图 12-3　优化(Optimizer)工具窗口结构

(3) 误差图(Error Graph)区：显示优化过程动态进程区。

下面将逐一介绍优化工具窗口中各个区域功能特点及其使用方法。

12.3　调整元器件参数

12.3.1　设计变量

在优化过程调整元器件参数区的参数数据多是由灵敏度分析查找得出的对电路特性参数优化影响最关键的元器件参数，如 R8、R6、R4，即设计变量。为了加速优化设计的进程，此处的设置要尽量地减少而不是增多设计变量的数目，但也可以由设计师自行选定设计变量。按如图 12-4 所示进行，作进一步设置。

Parameters [Next Run]								
◆	On/Off		Component	Parameter	Original	Min	Max	Current
▽	✓	⬚	R8	VALUE	3.3000	330m	33	3.3000
▽	✓	⬚	R6	VALUE	470	47	4.7000k	470
▶	▽	✓	⬚	R4	VALUE	470	47	4.7000k	470
			Click here to import a parameter from the design property map...					

图 12-4　设计变量

图 12-4 中：

(1) Original 栏：设计变量的初始设计标称值，R8=3.3Ω。

(2) Min 栏：设计过程中允许变化到的最小值，默认值为 Original 值的 10%，即 R8=330mΩ。

（3）Max 栏：设计过程中允许变化到的最大值，默认值为 Original 值的 10 倍，即 R8＝33Ω。

（4）Current 栏：当前值，由于尚未开始优化，故与初值相等。

12.3.2　调整设计变量——在 Parameters 表格区调整

1. 在 Parameters 表格区调整

如图 12-4 所示。

（1）▶ 选中标志列

单击此列出现黑三角形，即可修改此行参数设置。

（2）出错状态列

绿色旗帜 ▼ 图标表示设置正常；红色旗帜 ▼ 图标表示设置出错，这时将光标移至该列处将显示出错信息。

（3）On/Off 列

皆为双投"开关"，有图形"☑"才能调整该行元器件参数，否则优化过程中该行参数只保存 Original 栏所示的标称值；图形锁打开（🔓）时才能调整该行元器件参数，如果锁定（🔒）优化过程参数只采用 Current 栏所示的当前值。

（4）Component 列

元器件名称编号。

（5）Parameter 列

元器件参数类型，对简单的电阻 R，电容 C 等无源元器件，可调整的参数元件值为 VALUE；对模型参数，该列显示的是模型参数名称。

（6）Original 列

电路设计参数的标称值。

（7）Min 列

设计过程中允许变化到的最小值，默认值为 Original 值的 10％。

（8）Max 列

设计过程中允许变化到的最大值，默认值为 Original 值 10 倍。

（9）Current 列

当前值。未开始优化前与 Original 值相等。

其中的（6）、（7）、（8）部分的参数值皆可调整，为了加速优化进程，提高优化设计效率，可以缩小 Min 和 Max 值之间的元器件参数变化范围，具体参数设置如图 12-5 所示。

Parameters [Next Run]								
♦		On/Off	Component	Parameter	Original	Min	Max	Current
	▼	☑ 🔒	R8	VALUE	3.3000	3	3.6000	3.3000
	▼	☑ 🔒	R6	VALUE	470	235	705	470
▶	▼	☑ 🔒	R4	VALUE	470	235	705	470
			Click here to import a parameter from the design property map...					

图 12-5　Parameters 表格区设计变量调整

2. 添加设计变量

可单击图 12-3 中 Click here to import a measurement created within PSpice(与单击右键时出现的快捷菜单中的 Import Parameters 命令作用相同),打开 Parameter selection 对话框,如图 12-6 所示。在框中选取拟添加的设计变量,使之高亮显示,单击 OK 按钮,则添加该元器件设计变量到 Parameters 中。以 C3 为例,如图 12-7 所示。

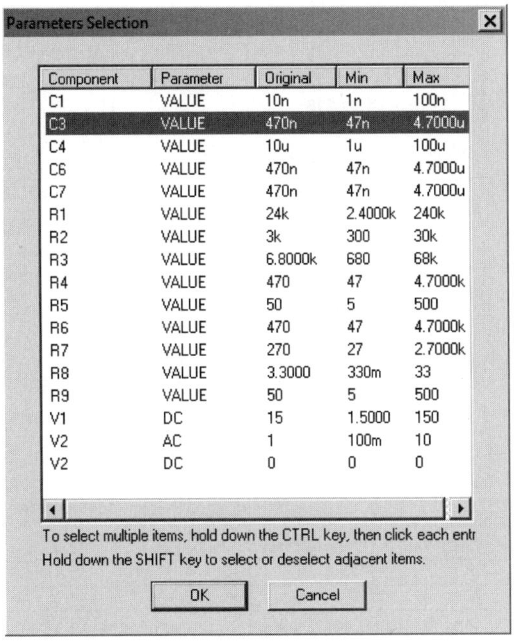
Parameters Selection

Component	Parameter	Original	Min	Max
C1	VALUE	10n	1n	100n
C3	VALUE	470n	47n	4.7000u
C4	VALUE	10u	1u	100u
C6	VALUE	470n	47n	4.7000u
C7	VALUE	470n	47n	4.7000u
R1	VALUE	24k	2.4000k	240k
R2	VALUE	3k	300	30k
R3	VALUE	6.8000k	680	68k
R4	VALUE	470	47	4.7000k
R5	VALUE	50	5	500
R6	VALUE	470	47	4.7000k
R7	VALUE	270	27	2.7000k
R8	VALUE	3.3000	330m	33
R9	VALUE	50	5	500
V1	DC	15	1.5000	150
V2	AC	1	100m	10
V2	DC	0	0	0

To select multiple items, hold down the CTRL key, then click each entr
Hold down the SHIFT key to select or deselect adjacent items.
OK　Cancel

图 12-6　添加设计变量 R20

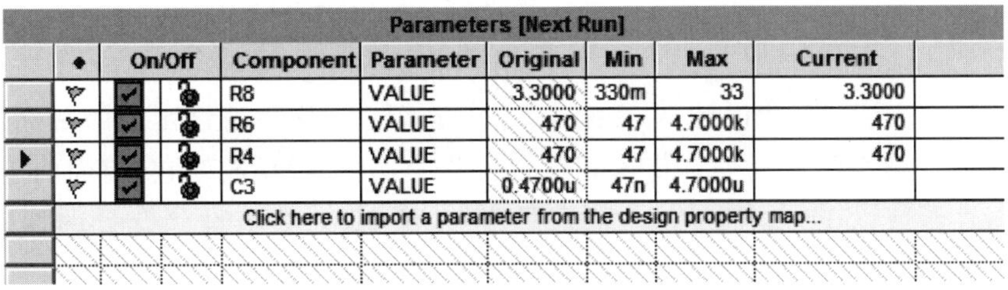
Parameters [Next Run]

◆	On/Off	Component	Parameter	Original	Min	Max	Current
		R8	VALUE	3.3000	330m	33	3.3000
		R6	VALUE	470	47	4.7000k	470
		R4	VALUE	470	47	4.7000k	470
		C3	VALUE	0.4700u	47n	4.7000u	

Click here to import a parameter from the design property map...

图 12-7　添加设计变量 C3 工作结束

关于 Parameters 区设计变量的添加,还可以在电路图编辑器中设置要调整的元器件参数。还是以无源元器件 C3 为例,在 Capture 中选中 C3,单击右键选择快捷菜单中的 Export Parameters to Optimizer 命令(与选择菜单 PSpice/Advanced Analyses/Export Parameters to Optimizer 命令作用相同),同样可以添加该元器件设计变量到 Parameters 中。

而对于有源元器件的设计变量添加则相对复杂一些。有源元器件主要是模型参数的添加,以电路中有源元器件 Q1 为例,在 Capture 中选中 Q1,单击右键选择快捷菜单中的 Import Optimizable(Model) Parameters 命令(与选择 PSpice/Advanced Analyses/Import Optimizable Parameters 命令作用相同),打开模型参数的 Import Optimizable Parameters 列表对话框,在列表中选择 Q1 中要调整的模型参数,以反向饱和电流 IS 为例,使之高亮显示,单击 OK 按钮,则添加该模型参数名到电路图中选中元器件的下方显示,如图 12-8 所示。

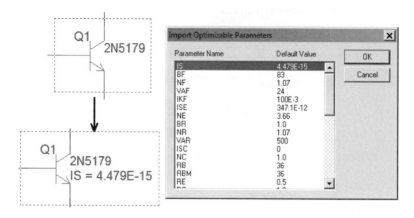

图 12-8　Import Optimizable Parameters 对话框

然后在元器件选中的情况下,选择快捷菜单中的 Export Parameters to Optimizer 命令(与选择 PSpice/Advanced Analyses/Export Parameters to Optimizer 命令作用相同),则设计变量 Q1 模型中的 IS 模型参数被添加到 Parameters 列表中,如图 12-9 所示。

	◆	On/Off	Component	Parameter	Original	Min	Max	Current
	▽	☑	C3	VALUE	0.4700u	47n	4.7000u	
	▽	☑	Q1	IS	4.4790e-015	0.4479f	44.7900f	
			Click here to import a parameter from the design property map...					

图 12-9　Q1 模型中的 IS 模型参数添加到 Parameters 列表中

12.3.3　调整目标函数——在 Specifications 表格区调整

有关采用图表法的优化设计,将在第 12.4 节介绍。通常以特性函数为目标函数,经过灵敏度分析找出最关键的元器件传送到优化工具中,如果轻易改变它,前面的工作可能失效。并且特性函数以 1～2 个为宜。如需要调整,像 12.3.2 节设计变量的调整那样,如图 12-10 所示,采用 Specifications 区左上角 Standard 标签页。

1. ▶ 列

选中标志,单击此列出现黑三角,该行参数处于可调状态。

2. 状态标志列:

(1) 绿旗 ▽ 特性函数正确;

(2) 红旗 ▼ 设置出错,可将光标移此会显示出错信息;

(3) 黄旗 ▽ 表示特性函数优化未能实现,可将光标移此会显示相关信息。

对于出错或未实现的优化过程,可以执行 Specifications 表格区快捷菜单中的 Troubleshoot in PSpice 命令,解决存在的问题。

3. ☑选中标志列

只有选中(☑),优化设计才会将此特性函数作为优化指标,如空格(☐),优化设计将

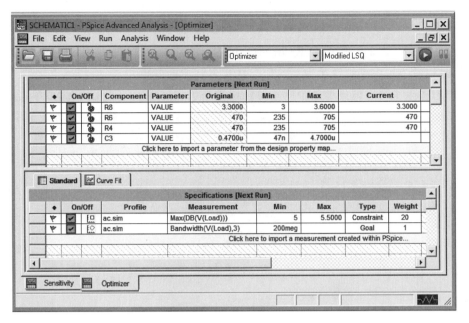

图 12-10　调整电路特性函数

不考虑此特性函数。

4. `On/Off` 列

图表 Error Graph 栏控制列：将在 12.3.4 节予以介绍。

5. `Profile` 列

电路特性函数模拟分析类型。图中显示该列均为 ac.sim，说明分析的增益和带宽两个电路特性函数均属于交流信号仿真分析类型。

6. `Measurement` 列

电路特性函数名称，描述电路特性函数的具体表达形式。

7. `Min` `Max` 列

特性函数优化的最小值和最大值。

8. Type 列

用于设置该行特性函数作为约束条件(Constraint)还是目标函数(Goal)。优化过程是确保满足约束条件下，尽可能地达到目标参数要求。图 12-10 中，增益测量函数 Max(DB(V(LOAD)))为约束条件，权重为 20；带宽测量函数 Bandwidth(V(LOAD),3)为目标函数，权重为 1。其目的是保证增益(约束条件)满足优化目标的前提下使带(目标函数)宽尽量大。

9. `Weight` 列

为设置权重，其值是大于等于 1 的正整数。此值需要反复测试，以求两全其美。

10. `Original` 列

显示每个设计变量皆采用标称值时特性函数值。

11. `Current` 列

显示特性函数的"当前值"。顺利完成时"当前值"就是优化想得到的最终结果。

12. `Error` 列

显示"当前值"与优化目标值之间的差距，想得到的最好结果是 Error 列显示为 0。

12.3.4　误差图（Error Graph）

在图 12-3 中，第 3 区误差图（Error Graph）显示区：它的作用是在优化过程中动态显示优化进程，以及显示电路特性函数当前值与优化目标值的差距。

如使用者希望在该区显示某个电路特性函数在优化过程中的变化情况，可单击 On/Off 列直到图标呈现 ┗╍ 状态，只有坐标轴无图形。如显示多个特性函数只要皆处于选中状态即可。选中状态的图标将以不同形状和颜色的几何图形显示不同的电路特性函数。

所有参数都设置完毕，选择 MLSQ 优化引擎，按下 RUN 键，出现如图 12-11 所示图表。

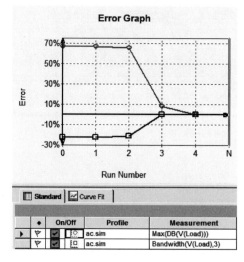

图 12-11　误差图形

图中，增益为带方框 ⊞，优化前增益值与优化目标之间误差约为 70%，前 3 次优化分析变化不大，但第 4 次分析后与目标值已非常接近，第 5 次分析后，增益已经满足优化设计要求，误差显示为 0。

带宽为带菱形框 ⬧，优化前带宽低于优化目标值，误差约为 30%。也是前 3 次优化分析变化不大，但第 4 次分析后，带宽已满足优化要求，误差显示为 0。

如果同时优化的电路特性函数较多，优化前增益值与优化目标之间误差很大，则 Error Graph 图中显示的曲线会很混乱，也存在相应的图表显示误差，这时可单击 Specifications 表中（以增益为例）On/Off 所在行的增益方框图标 ⊞，使其中的方形消失，这样 Error Graph 图中只保留带宽特性变化情况，如图 12-12(a)所示。同理，可以在 Error Graph 图中只保留增益特性函数变化情况，如图 12-12(b)所示。

显然单个优化参数的变化情况的 Error Graph 图要比多个参数的变化情况的 Error Graph 图清晰、详细、准确很多。

若要在误差图（Error Graph）中显示运行过程中某一次的分析数据，可以单击 Error Graph 图中横坐标（代表模拟次数），则相应的在 Parameters 和 Specifications 表格区显示该次分析的参数值和电路特性函数值。例如：选中 Error Graph 图中的第 4 次分析过程，如图 12-13 所示。

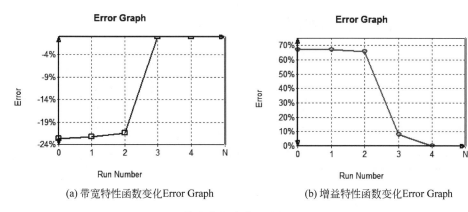

(a) 带宽特性函数变化Error Graph (b) 增益特性函数变化Error Graph

图 12-12 显示单个优化参数变化情况的 Error Graph

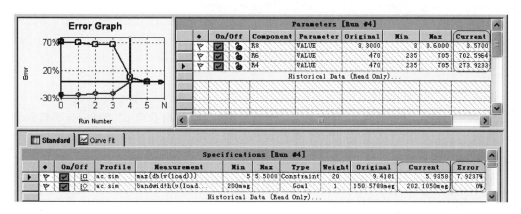

图 12-13 Error Graph 图中的第 4 次分析过程

在图 12-13 中,Parameters 和 Specifications 表格区显示该次分析的参数值和电路特性函数值是历史记录数据,是只读方式不能被编辑修改。

若用户想把这次的优化结果作为下一次优化模拟分析元器件的参数初始值,可以在 Error Graph 图中单击右键,选择快捷菜单中的 Copy History To Next Run 命令。如图 12-14 所示。

🔍 Zoom Fit	Ctrl+F
🔍 Zoom In	Ctrl+I
🔍 Zoom Out	Ctrl+B
🔍 Zoom Area	Ctrl+A
Copy History to Next Run	
Clear History	

图 12-14 Error Graph 图快捷菜单

注解说明:该命令只有在单击工具栏中的 ■ 按钮,停止优化分析进程的前提下才是有效的。并且 Copy History To Next Run 命令不能复制优化模拟分析中的引擎设置等内容,只能复制优化模拟分析元器件的参数值。

同样,根据设计需要,可以清除 Error Graph 图表记录,执行图 12-14 中的快捷菜单 Clear History 命令,则相应 Error Graph 图表的曲线和模拟仿真优化运行信息都将被删除,只保留 Parameters 表格区中 Current 一栏最后一次模拟仿真分析的参数值来作为下一次优化模拟仿真分析的初始值。

注解说明:执行该命令后,Log File 文件中的内容不受任何影响,用户可以查阅优化分析原始数据。

12.3.5　优化的最佳结果

运行 Optimizer 工具结束后，可从 Parameters 表格区、Specifications 表格区显示优化结果，如图 12-15 所示。

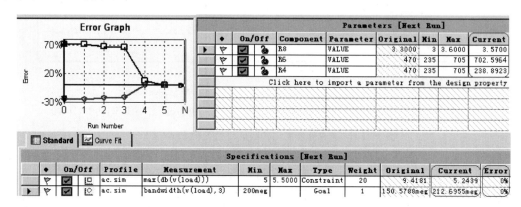

图 12-15　优化的最佳结果

图中显示，对于范例射频放大器，只要将 R8、R6 和 R4 的电阻值改为：3.57Ω、702.5964Ω 和 238.8923Ω 就可以满足优化设计要求，使电路增益为 24.2489dB 并且带宽也可以达到 212.6955MHz。取得误差为零的理想结果，这在实际上不容易办到的。如是精确的电阻值也是理想数据。

像灵敏度分析一样，优化分析工具同样可以把设置好的优化数据结果发送给其他分析工具。在 Optimizer 工具窗口 Specifications 表格区选中要进行优化设计的电路特性函数名称，单击右键在快捷菜单中选择 Send to 命令把元器件参数发送给 Sensitivity/Monte Carlo/Parametric Plot 工具，如图 12-16 所示。

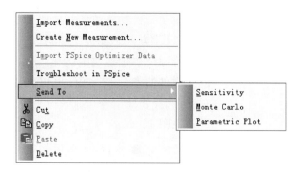

图 12-16　Specifications 表格区快捷菜单

若要查找优化分析原始数据，只要如图 12-17 所示就可轻松的调出结果，图中显示的是第 5 次优化运行结果。

12.3.6　运用离散引擎确定参数值

离散引擎(Discrete engine)是选定与优化结果要求最接近的商品化元器件系列标称值。以射频放大器电路为例，经过优化设计后，所有的电路特性参数，目标要求和约束条件都也

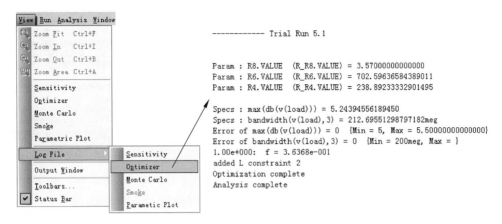

图 12-17 优化原始数据运行结果

满足设计标准,达到设计要求的理想结果,但优化结果显示的有效电阻 R8、R6 和 R4 值分别为 3.57Ω、702.5964Ω 和 238.8923Ω,很显然这不是理想的商品化电阻系列标称值,为了使优化结果运用到实际生产中,提高生产效率,一般在优化分析过程的最后阶段都要调用离散引擎,让其优化值符合最接近的商品化元器件系列标称值。

在以射频放大器为例的优化分析基础上,调用离散引擎。

(1) 在工具栏的引擎下拉列表中选择 Discrete,如图 12-18 所示。

图 12-18 查找离散引擎

(2) 在 Parameters 表中将显示 Discrete Table 一列,如图 12-19 所示。

	◆	On/Off		Component	Parameter	Discrete Table	Original	Min	Max	Current
▶	♈	☑	🔒	R8	VALUE	Resistor - 10%	3.3000	3	3.6000	3.5700
	♈	☑	🔒	R6	VALUE	Resistor - 10%	470	235	705	702.5964
	♈	☑	🔒	R4	VALUE	Resistor - 10%	470	235	705	238.8923

Click here to import a parameter from the design property map...

图 12-19 新增 Discrete Table 列的 Parameters 表

(3) 在离散值表中选择符合要求的离散值系列,选择的是 Resistor-10%(电阻标称值精度为 10%离散系列)。

(4) 运行离散引擎(Discrete engine),显示分析结果:$R8=3.6\Omega$,$R6=680\Omega$,$R4=240\Omega$,如图 12-20 所示。

(5) 返回到电路图编辑器中,修改相应元器件参数,使其更新为符合生产标准的系列标称值。可以在 Optimizer 工具窗口的 Parameter 表格区选中一个元器件名称,单击右键在快捷菜单中选择 Find in Design 命令,使电路图中该元器件处于选中状态,同时窗口切换为电

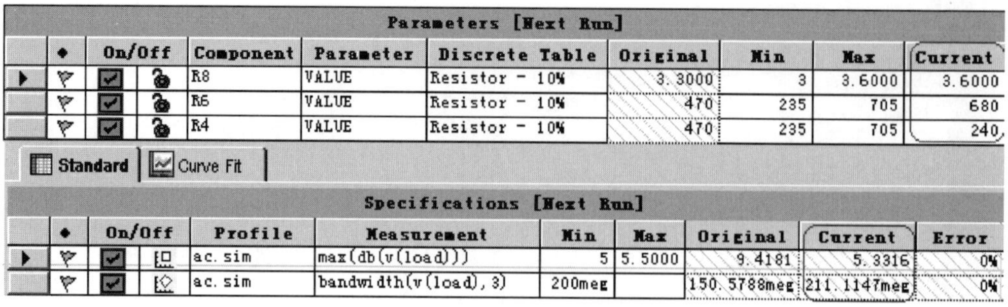

	◆	On/Off	Component	Parameter	Discrete Table	Original	Min	Max	Current
▶	▽	☑	R8	VALUE	Resistor – 10%	3.3000	3	3.6000	3.6000
	▽	☑	R5	VALUE	Resistor – 10%	470	235	705	680
	▽	☑	R4	VALUE	Resistor – 10%	470	235	705	240

Parameters [Next Run]

🔲 Standard | 📈 Curve Fit

	◆	On/Off	Profile	Measurement	Min	Max	Original	Current	Error
▶	▽	☑	ac.sim	max(db(v(load)))	5	5.5000	9.4181	5.3316	0%
	▽	☑	ac.sim	bandwidth(v(load),3)	200meg		150.5788meg	211.147meg	0%

Specifications [Next Run]

图 12-20　离散引擎分析结果

路图绘制软件 Capture 窗口。在电路图中修改选中元器件的参数值大小,更好地适应电路设计要求。

(6)再对电路重新进行一次模拟分析,检验电路特性和模拟结果波形,确保是所期望的理想优化结果。

12.4　曲线拟合分析

在进行优化设计分析时,除了可以采用 12.3 小节的电路特性函数作为优化目标外还可以采用曲线作为优化指标,运用曲线拟合的方法,使优化设计结果与目标曲线要求相吻合。本节以有源带通滤波器电路为例,进行交流信号模拟分析,使该电路的增益和相位达到曲线设计要求的频率特性。

12.4.1　电路原理图设计及电路模拟仿真

1. 电路原理图设计

调用 Cadence OrCAD Capture 进行电路原理图设计,以光盘自带的有源带通滤波器电路为例[①],其电路图如图 12-21 所示。该电路实例所在路径为:…\tools\ pspice \ tutorial \ capture \ pspiceaa \ bandpass。

2. 电路仿真

调用 PSpice 对有源带通滤波器电路进行交流分析,并检查结果:交流分析模拟仿真参数设置如图 12-22 所示,分别调出输出电压相位 P(V(Vout))和增益 DB(V(Vout))随频率变化的曲线交流模拟分析结果,其电路输出波形如图 12-23 所示。

图 12-23 所示的有源带通滤波器电路输出波形基本具备了带通形状的频率特性,但是与优化目标曲线(参考波形)还是有很大的差距,优化目标曲线(参考波形)如图 12-24 所示,因此可以在该电路模拟分析的基础上在优化工具中运用曲线拟合法进行优化分析,使输出的实际波形与优化目标的参考波形相吻合。

---

① "reference. txt"具体路径为…\ tools \ pspice \ tutorial \ capture\ pspiceaa\ bandpass\ bandpass — PspiceFiles \ SCHEMATIC1。

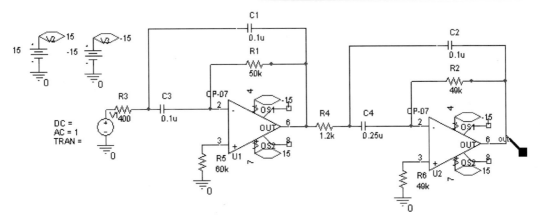

图 12-21 有源带通滤波器的电路图

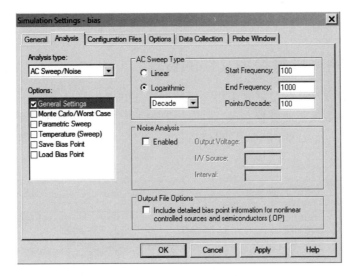

图 12-22 交流分析模拟仿真参数设置

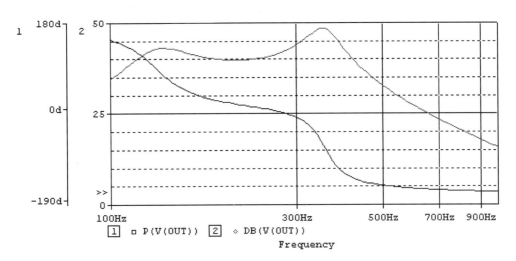

图 12-23 有源带通滤波器电路的模拟分析结果

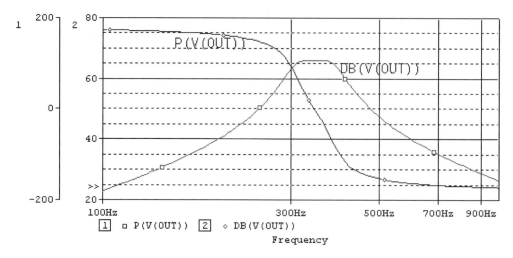

图 12-24　有源带通滤波器的优化目标曲线(参考波形)

12.4.2　曲线拟合参考文件的设置

使用曲线拟合方法优化电路是采用一组数据描述的参考波形来作为优化目标。所以首先就要建立描述参数波形的数据文件,即曲线拟合的参考文件。建立参考文件的方法比较简单,只要打开 Windows 的"记事本"程序,采用一般的文本编辑工具就足以胜任了,具体设置如图 12-25 所示。

```
reference.txt - Notepad                            _ □ ×
File  Edit  Format  View  Help
Frequency           PHASE           Max
1.00E+02            1.74E+02        2.28E+01
1.02E+02            1.74E+02        2.33E+01
1.05E+02            1.73E+02        2.38E+01
1.07E+02            1.73E+02        2.43E+01
1.10E+02            1.73E+02        2.48E+01
   .                   .               .
   .                   .               .
   .                   .               .
9.13E+02            -1.72E+02       2.84E+01
9.34E+02            -1.72E+02       2.79E+01
9.55E+02            -1.72E+02       2.74E+01
9.77E+02            -1.72E+02       2.69E+01
1.00E+03            -1.73E+02       2.64E+01
```

图 12-25　曲线拟合参考文件描述

曲线拟合参考文件的格式规范特点:参数文件的第一列描述的是变量参数。从第二列开始,每一列描述一个参考波形。参数文件每一列的第一行为"标题行",说明该列的相关内容。其中标题行采用的名称由用户自行规定。在设置曲线拟合的规范目标时,将采用标题行名称来指定相应的参考波形。若使用者没有确定标题行名称,根据 PSpice 规定,从参考波形的第二列开始,每一列的第一行默认名称依次为 Column_1、Column_2、…。(实际位于参考文件的第二列)。图 12-25 中：参考文件的第一列描述的是变量参数 Frequency；第二列描述的输出信号的相位(PHASE)参考波形；第三列描述的输出信号的增益(Max)参考波形。参考文件设置完毕后，最好保存在当前电路设计目录下，供设置曲线拟合优化目标时调用。

12.4.3 曲线拟合规范的曲线参数设置——在 Curve Fit 表格区调整

启动优化(Optimizer)工具(见 12.2 节内容)，在优化 Optimizer 工具窗口，单击左上角的 Curve Fit 标签页，创建曲线拟合规范，关于调整电路相关的设计变量可在 Parameters 表格区调整完成(不多赘述，见 12.3 节内容)，这里主要说明 Curve Fit 表格区曲线参数的调整，如图 12-26 所示。

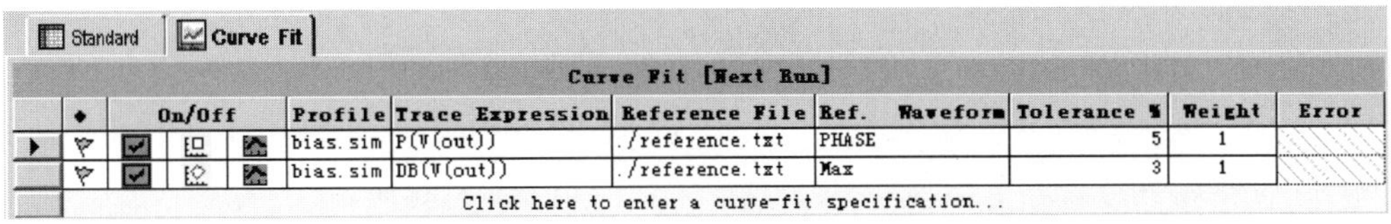

Standard | Curve Fit

Curve Fit [Next Run]

	◆	On/Off			Profile	Trace Expression	Reference File	Ref. Waveform	Tolerance %	Weight	Error
▶					bias.sim	P(V(out))	./reference.txt	PHASE	5	1	
					bias.sim	DB(V(out))	./reference.txt	Max	3	1	
	Click here to enter a curve-fit specification...										

图 12-26 调整曲线拟合的 Curve Fit 表格区

图 12-26 中：

1. On/Off 列

其中列的作用是在优化过程中动态显示优化过程中实际波形曲线与曲线拟合规范的进程，若使用者希望在 Probe 窗口动态显示待优化的波形和描述优化目标的参考波形之间偏差的变化情况，可将 On/Off 处于 On 状态，并通过单击图形成，若再单击一次，该图标呈现状态，只有坐标轴无图形。

2. Profile 列

描述曲线拟合规范对应的 PSpice 模拟分析类型。

3. Trace Expression 列

曲线拟合规范的波形表达形式。使用者可以单击 Click here to enter a curve－fit specification 文本所在行，在打开的 New Trace Expression 对话框创建满足设计要求的波形曲线表达式。选中本列中的一个表达式，并单击该表达式右侧的编辑按钮，则打开 Edit Trace Expression 对话框，如图 12-27 所示。

4. Reference File 列

描述参考文件的名称和所在路径。单击该单元格，在打开对话框中，根据存放参考文件路径，来添加相应的"Reference File(＊.txt)"参考文件，如图 12-28 所示。

5. Ref. Waveform 列

指定参考文件中的曲线拟合目标采用哪一列数据描述参考波形。点击该栏单元格，出现下拉菜单，其中列出了在"Reference File(＊.txt)"参考文件中的所有波形名称。

6. Tolerance % 列

相对容差，容差值大小确定了优化成功"标准"。

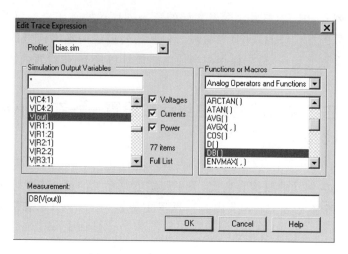

图 12-27　设置 Trace Expression

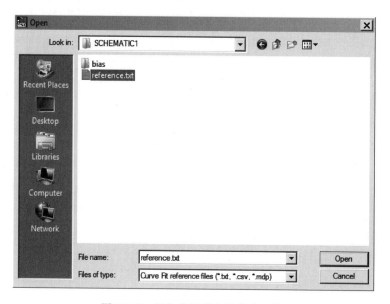

图 12-28　添加曲线拟合的参考文件

7.　Weight 列

设置权重,其值是大于等于 1 的正整数。权重值用来设置不同曲线拟合要求的优先级,权重值越大优先级越高。该项设置只对 MLSQ 和 LSQ 引擎有效,并且只有当存在多个曲线拟合规范时才有优化设计意义。

8.　Error 列

显示误差值。优化过程中,实际模拟波形与优化目标值之间的差距变化情况。该误差栏显示的并不是实际模拟优化结果波形与参考波形之间的均方根误差值(Erms),而是 Erms 值与 Tolerance 栏指定的相对容差值之差。若 Erms 值小于相对容差值,则 Error 栏显示结果为 0,表明已满足优化设计要求,并不是表示实际优化结果波形和参考波形完全符合,没有任何差别。

12.4.4 优化结果的分析

所有曲线拟合参数设置完成后,在 Optimizer 工具窗口选择 MLSQ 引擎并执行 Run 命令,启动曲线拟合优化设计设计进程。优化结果如图 12-29 所示。

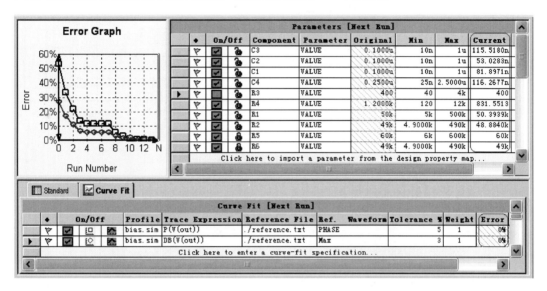

图 12-29 Optimizer 工具窗口显示的优化结果

由于在 Curve Fit 表格区的 **On/Off** 列中设置呈现 图形状态,所以还可以在 Probe 窗口中动态的显示实际模拟优化结果波形向作为优化目标的参考波形的逼近情况。在本例中,P(V(out))是在优化过程中实际输出相位的频率特性波形,R("PHASE")是描述对实际输出相位优化目标要求的参考波形,如图 12-30(a)所示。同理,DB(V(out))是在优化过程中增益的频率特性波形,如图 12-30(b)所示。在一张图中采用两条纵坐标分别表示输出电压相位的频率特性波形 P(V(out))和增益的频率特性波形 DB(V(out))随频率变化的关系曲线优化结果,如图 12-31 所示。

从显示的优化后实际波形和参考波形的比较,可以清晰地看出,优化结果基本满足参考波形的设计要求。若要查看优化过程中任何一次模拟仿真结果,可以在误差图(Error Graph)中单击 Error Graph 图中横坐标(代表模拟次数),例如:选中 Error Graph 图中的第 8 次分析过程,则相应的在 Parameters 和 Curve Fit 表格区显示该次分析的参数值和曲线拟合规范结果,如图 12-32 所示。

若要查看实际输出相位的情况,单击 P(V(out))所在行的标志 ▶ 列,在 ▶ 上单击右键,在弹出的快捷菜单中选择 View[Run♯8]in PSpice,则 Probe 窗口中显示第 8 次模拟优化结果 P(V(out))波形及其相应的参考波形,如图 12-33(a)所示。同理,可以查看增益波形情况,如图 12-33(b)所示。

优化完成后,运用离散引擎确定元器件的有效值(见 12.3.6 节)。

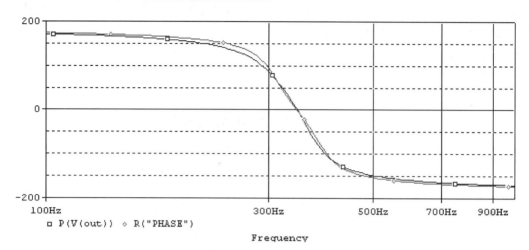

(a) 优化后P(V(out))波形与参考波形的比较

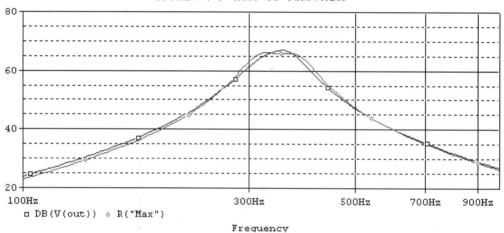

(b) 优化后DB(V(out))波形与参考波形的比较

图 12-30　优化波形比较

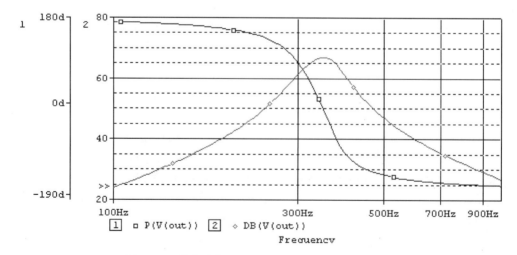

图 12-31　优化后的 P(V(out))和 DB(V(out))波形图

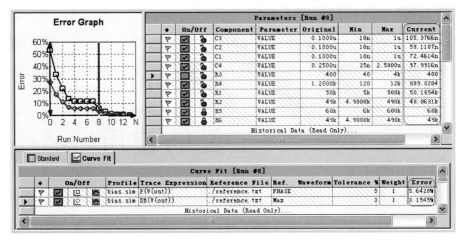

图 12-32　第 8 次优化分析结果

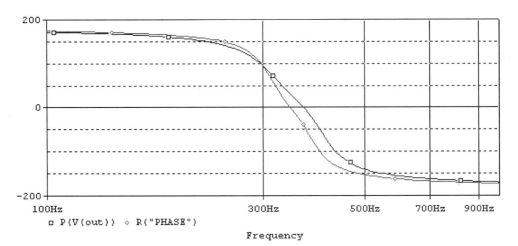

(a) 查看第8次模拟输出P(V(out))波形

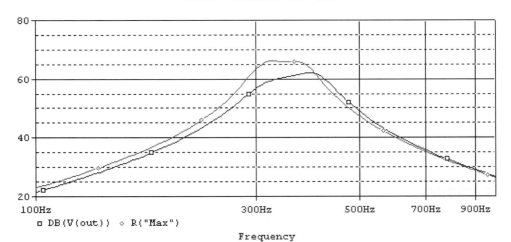

(b) 查看第8次模拟输出DB(V(out))波形

图 12-33　第 8 次模拟输出波形

<table>
<tr><td>第 13 章</td><td rowspan="2">蒙特卡洛（Monte Carlo）</td></tr>
<tr><td>CHAPTER 13</td></tr>
</table>

工具的使用

PSpice 一直重视所设计的电路，要能适合于批量生产的需要。现在 PSpice-AA 中的 Monte Carlo 工具可以对多种电路特性进行直流、交流和瞬态蒙特卡洛分析，这与 PSpiceA/D 中的 Monte Carlo 分析功能相同，但是在分析能力和显示分析结果上有很大的改进，两者独立运行，无任何关联。新的 Monte Carlo 分析是架构在 PSpice 的 Measurements 中，执行 Monte Carlo 分析是针对实际生产中每个组件的参数及容差范围的设定，用概率分布方式来随机的取样并做统计分析，计算生产成品率，预测电路设计的实际工作情况，定量评价该电路设计是否符合大批量生产的要求。Monte Carlo 分析对实际电路的可制造性起到了关键性作用。本章主要介绍蒙特卡洛（Monte Carlo）工具对电路进行蒙特卡洛分析的具体使用方法。

13.1 Monte Carlo 分析参数设置

13.1.1 分布参数的设置

在调用 Monte Carlo 工具前，先要对元器件容差的分布参数进行设置。对于无源元器件电阻 R、电容 C 等最常用的元器件，可双击元器件符号，打开如图 13-1 所示元器件属性编辑窗口。

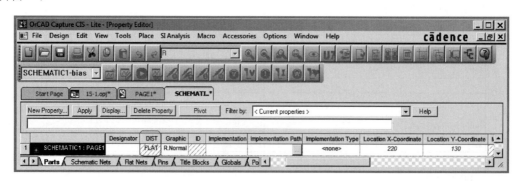

图 13-1 无源元器件的分布参数设置

在 DIST（分布参数设置）栏内视分析需要自行填写：FLAT（平均分布默认值）、GAUSS（高斯分布）、BSIMG（双峰分布）、SKEW（偏锋分布）。确认选择后保存，系统就会按使用者自行设定的分布参数类型进行 Monte Carlo 分析。

而对于二极管、三极管等有源元器件，可以选中元器件后，再选择右键快捷菜单中 Edit PSpice Model(模型参数编辑器)命令进行参数设置，以双极性三极管为例说明，如图 13-2 所示。

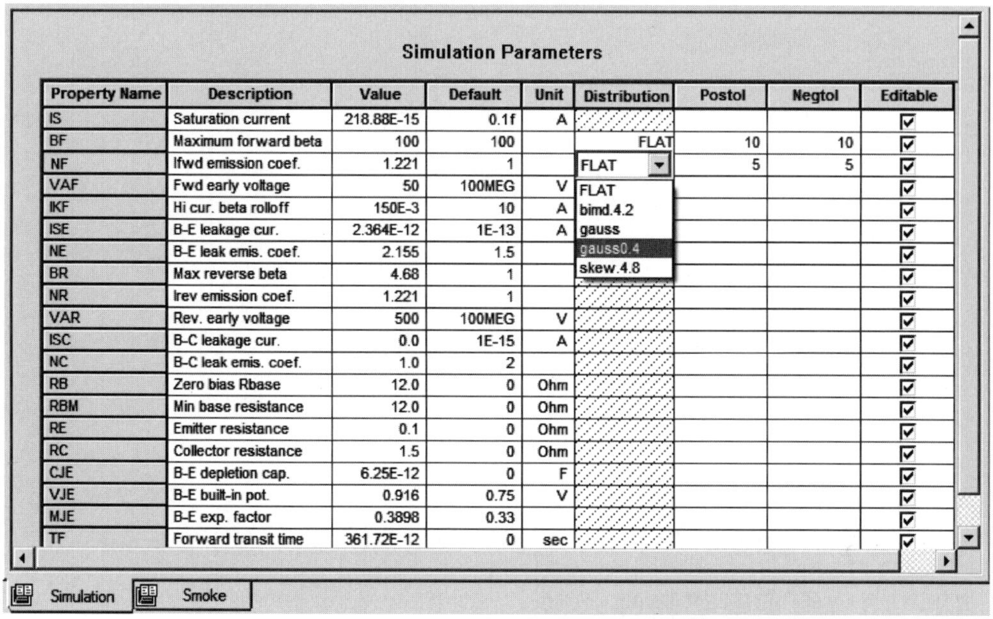

图 13-2　有源元器件的分布参数设置

在图 13-2 中，在 Postol 和 Negtol 两列中设置了相应元器件的正负容差后，Distribution (分布参数)一栏即自动加载系统默认的参数分布类型：FLAT(均匀分布)，用户可以根据实际电路设计的需要，在下拉菜单中选择需要的分布参数类型。

13.1.2　与 Monte Carlo 分析相关参数的设置

在 Monte Carlo 窗口选择菜单 Edit/profile Settings 命令，打开如图 13-3 所示与 Monte Carlo 分析相关的参数设置对话框。

1. Number of Runs

设置 Monte Carlo 分析次数，默认值为 10。第一次为标称值分析，然后按分布参数随机改变元器件值，重复进行分析。Monte Carlo 工具对分析次数的多少无限制，取决于综合精度和运行时间两方面依题而定。运用的实例中分析次数设置为 200 次。

2. Starting Run Number

设置按分布参数随机改变元器件值的顺序号。此号自动产生，默认值为 1，即从标称值开始，若不动即每次皆从头开始；若改动，如改成 56，即从 56 次开始重复地进行分析，不必从头开始。

3. Random Seed Value

设置随机改变元器件值的不同顺序号。

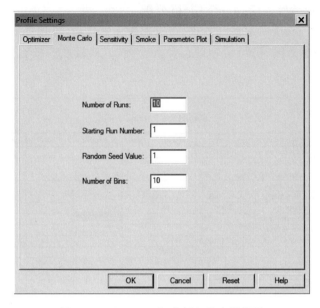

图 13-3　Monte Carlo 分析相关参数设置

4．Number of Bins

设置电路特性函数直方图区间数。典型值为运行次数 10%。最小值为 1。

13.1.3　确定电路特性函数

通常经优化的电路，其电路特性函数已经确定。在这里只是进一步确定而已。如想要调整也要谨慎从事。启动 Monte Carlo 工具的方法如图 13-4 所示。

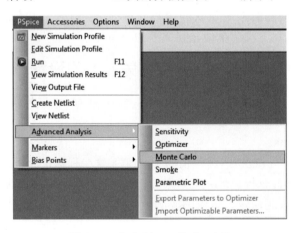

图 13-4　启动 Monte Carlo 工具

运行 Monte Carlo 打开 Monte Carlo 工具窗口，在 Monte Carlo 窗口的②区调整参数，单击 `Click here to import a measurement created within PSpice.`，查看需要的电路特性函数是否存在，如图 13-5 所示。

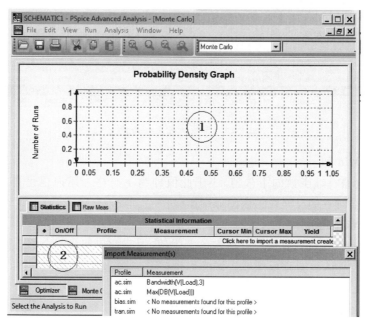

图 13-5　Monte Carlo 工具窗口

13.2　运行 Monte Carlo 的结果分析

13.2.1　查看电路特性函数 Monte Carlo 分析统计数据

在上述设置完成后，单击 RUN 键，运行结束将在 Monte Carlo 窗口显示数据直方图和相关分析数据，如图 13-6 所示。

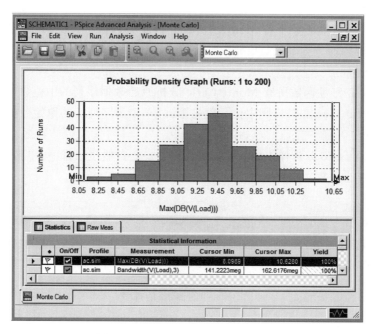

图 13-6　Monte Carlo 分析结果显示

图 13-6 中，Probability Density Graph 区为 Monte Carlo 直方图图形区；Statistical Information 区为电路特性函数 Monte Carlo 分析统计结果数据区，如图 13-7 所示。

◆	On/Off	Profile	Measurement	Cursor Min	Cursor Max	Yield	Mean	Std Dev	3 Sigma	6 Sigma	Median
▽	✔	ac.sim	Max(DB(V(Load)))	8.0969	10.6280	100%	9.3835	425.2649m	100%	100%	9.3956
▽	✔	ac.sim	Bandwidth(V(Load),3)	141.2223meg	162.6176meg	100%	150.7019meg	4.5362meg	100%	100%	150.8407meg

图 13-7 电路特性函数数据区

1. Cursor Min 列

指定该行电路特性函数的下限值，小于此值即为不合格。用户也可自行填加下限值。Min、Max 值将同时自动反映在①区图形中。

2. Cursor Max 列

与上列相仿，指定该行电路特性函数的上限值，大于此值即为不合格。用户也可自行填加上限值。Min、Max 将自动反映在①区图形中。

3. Yield 列

显示预测生产成品率。即在上面给定的上、下限范围内数据总个数与原始数据个数之比。

4. Mean 列

给出该行电路特性函数所有原始数据的平均值。

5. Std Dev 列

给出该行电路特性函数所有 Monte Carlo 分析原始数据的标准偏差值。

6. 3 Sigma 列

给出该行电路特性函数所有 Monte Carlo 分析原始数据中，其值在均值加减 3 倍标准偏差值(3 σ)范围内的数据个数与原始数据个数之比。

7. 6 Sigma 列

给出该行电路特性函数所有 Monte Carlo 分析原始数据中，其值在均值加减 6 倍标准偏差值(6 σ)范围内的数据个数与原始数据个数之比。

8. Median 列

给出该行电路特性函数所有 Monte Carlo 分析原始数据序列的中位数的原始数据。序列总数为奇数(2n+1)(如 11)，则中位数就是第 n+1 个为序列 7 的原始数据；2n 序列总数为偶数(2n)(如 10)，则中位数的原始数据为[(n)+(n+1)]/2 位数的数据。

查看 Monte Carlo 分析样本原始数据的排序：一是自然序列排序，单击 **Raw Meas** 按钮即可显示电路特性函数原始数据排序结果，如图 13-8 所示。

Statistics	Raw Meas					
			Raw Measurements			
	Profile	Measurement	1	2	3	4	5
▶	ac.sim	Max(DB(V(Load)))	9.418071377242	10.218568688096	9.808008991738	9.633130913088	8.686813125688
	ac.sim	Bandwidth(V(Load),3)	150578765.6838	154556808.9244	143837462.5676	149963447.5281	147871102.4879

图 13-8 原始数据的排序

二是按数值大小排序，双击某一行第一列单元格，则该行电路特性函数数据显示从小到大的排列方式，如图 13-9(a)所示。若再次双击该行第一列单元格，则该行电路特性函数数据显示从大到小的排列方式，如图 13-9(b)所示。

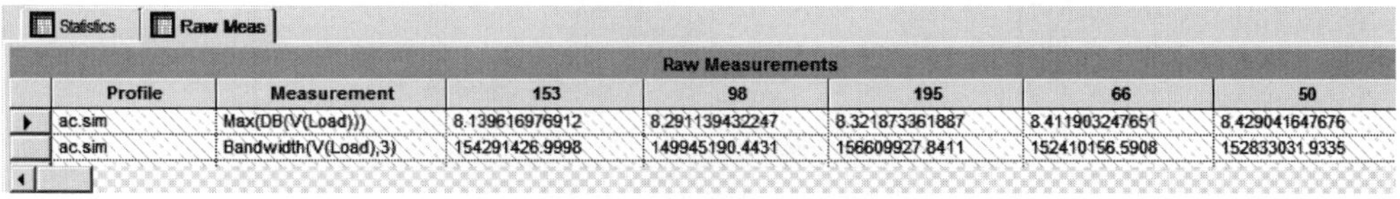

Statistics	Raw Meas					
Raw Measurements						
Profile	Measurement	153	98	195	66	50
ac.sim	Max(DB(V(Load)))	8.139616976912	8.291139432247	8.321873361887	8.411903247651	8.429041647676
ac.sim	Bandwidth(V(Load),3)	154291426.9998	149945190.4431	156609927.8411	152410156.5908	152833031.9335

(a) 电路特性函数数据由小到大排列

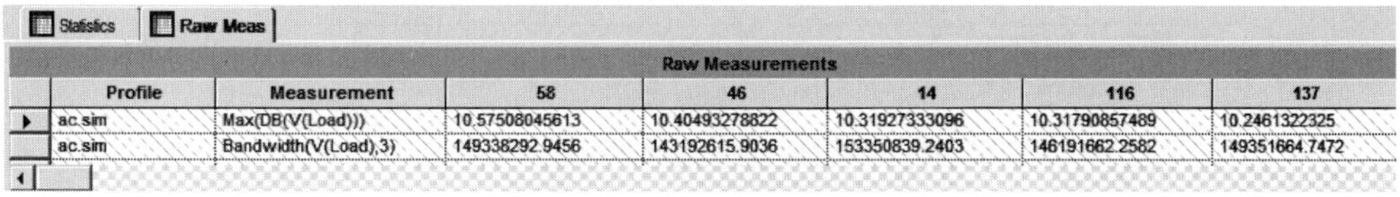

Statistics	Raw Meas					
Raw Measurements						
Profile	Measurement	58	46	14	116	137
ac.sim	Max(DB(V(Load)))	10.57508045613	10.40493278822	10.31927333096	10.31790857489	10.2461322325
ac.sim	Bandwidth(V(Load),3)	149338292.9456	143192615.9036	153350839.2403	146191662.2582	149351664.7472

(b) 电路特性函数数据由大到小排列

图 13-9　电路特性函数数据的排列

由图 13-9(a)可见，增益数据的最小值为 8.2911，是 Monte Carlo 分析中第 98 次模拟分析的结果；由图 13-9(b)可见，增益数据的最大值为 10.575，是 Monte Carlo 分析中第 58 次模拟分析的结果。

说明：根据排序的分析结果，可以通过更改图 13-3 中的 Starting Run Number 参数设置，来确定从某一次运行设置开始重新分析，提高分析效率，无需从头开始分析。

13.2.2　查看 PDF、CDF 图

为了直观的反映电路特性函数 Monte Carlo 统计分析的分散性，程序采用 PDF、CDF 两种图形来描述。

1. PDF 直方图

PDF(Probability Density Function，概率密度函数)图形为直方图形，亦简称为直方图。它的 X 轴是电路特性函数值，分成几个区间；Y 轴是电路特性函数值在此区间的数据个数，有时用数据个数与原始数据总数之比表示。

PDF 图的显示方法：在图 13-10 中用黑三角选中要显示的电路特性函数。则在 Monte Carlo 窗口上半部显示该电路特性函数的原始数据的统计分布图如图 13-10 所示。

图中，显示 Monte Carlo 模拟次数 200 次(Runs 1 to 200)。X 轴是以分贝为单位显示输出节点电压的分贝数(max(db(V(load))))，分为 10 个区间；Y 轴为 Monte Carlo 分析后所有原始数据中，数据在各个区间的个数(Number of Runs)。若将光标移至某区，如左起第 2 区，就会出现 Number of Runs=5 Range=<8.38316-8.62671> ，说明该区中数据个数为 5，该区范围是 8.38316～8.62671dB。

图中 Min、Max 两条线所在位置即为电路特性的上下限，在此之外的电路特性数据均为不合格。两线皆可用光标移动，也可在图中单击右键选择如图 13-11 所示快捷菜单中 Restrict Calculation Range 命令，将上下限内数据重新计算。

图中，执行 Percent Y-axis 命令可改变 Y 轴为百分比显示 Percent of Runs。

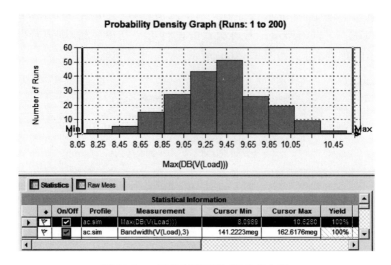

图 13-10　概率密度函数 PDF 直方图

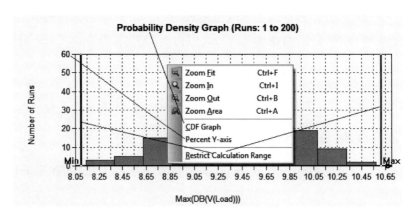

图 13-11　PDF 快捷菜单

执行 CDF Graph 命令,图形将以累计分布函数 CDF 形式显示 Monte Carlo 分析。

需要注意的是:同样在 Monte Carlo 分析统计结果数据区中的快捷菜单也含有 Restrict Calculation Range 子命令,一旦选中其中一个快捷菜单中 Restrict Calculation Range 命令,另外一个也处于选中状态,如图 13-12 所示。

2. CDF 图

CDF(Cumulative Distribution function,累计分布函数)是对 PDF 的积分。X 轴是电路特性值;Y 轴显示小于等于电路特性某个数据值的累计数据个数与原始数据之比。

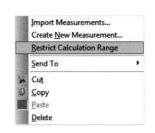

图 13-12　Monte Carlo 分析统计结果数据区快捷菜单

CDF 图显示方法:通常 PDF 直方图为默认值,用图 13-11 快捷菜单中 CDF Graph 命令进行转换,显示该电路特性函数数据的累计统计分布图,如图 13-13 所示。

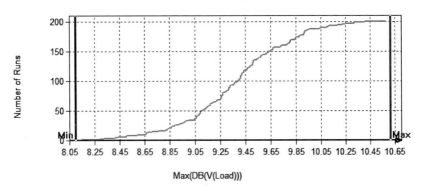

图 13-13 累计分布函数 CDF 图

13.2.3 Monte Carlo 统计结果的分析处理

若预测的生产成品率没有达到期望的批量生产结果,可以返回到电路图编辑器中,更改元器件参数值、修改参数分布或者参数容差等方法,改进电路设计,重新运行 Monte Carlo 工具,直到预测的生产成品率满足批量生产要求。

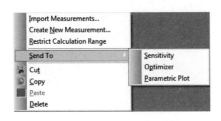

图 13-14 Monte Carlo 统计结果
数据区快捷菜单

像灵敏度分析一样可以将设置好的 Monte Carlo 统计信息结果传送给其他优化工具。在 Monte Carlo 工具窗口的统计结果数据区选中要进行优化设计的电路特性函数名称,单击右键,选择快捷菜单中 Send to 命令把元器件参数发送给 Sensitivity/Optimizer/Parametric Plot 工具,如图 13-14 所示。

若要查看 MC 原始数据,在 Monte Carlo 窗口按图 13-15 所示命令即可调出 Monte Carlo 分析结果清单。

图中所示数据为排序为第 200 次的原始数据清单。

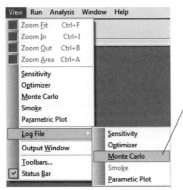

```
*********** MonteCarlo Run 200 ***********

Param : R5.VALUE   (R_R5.VALUE) = 45.16235847041231
Param : C6.VALUE   (C_C6.VALUE) = 453.87050996429326n
Param : C1.VALUE   (C_C1.VALUE) = 9.3338145664846n
Param : R9.VALUE   (R_R9.VALUE) = 54.91943113498336
Param : R6.VALUE   (R_R6.VALUE) = 516.89098788415174
Param : R8.VALUE   (R_R8.VALUE) = 3.31457289345988
Param : R2.VALUE   (R_R2.VALUE) = 3.21073335978271k
Param : R4.VALUE   (R_R4.VALUE) = 430.03128147221287
Param : R7.VALUE   (R_R7.VALUE) = 272.58653523361920
Param : R1.VALUE   (R_R1.VALUE) = 25.75911130100406k
Param : C3.VALUE   (C_C3.VALUE) = 487.74745933408605n
Param : R3.VALUE   (R_R3.VALUE) = 6.68110843226417k
Param : C4.VALUE   (C_C4.VALUE) = 10.18851283303323u
Param : C7.VALUE   (C_C7.VALUE) = 490.14859462263848n

Specs : Max(DB(V(Load))) = 9.77420415259996
Specs : Bandwidth(V(Load),3) = 161.80852333676248meg
Specs : Min(10*Log10(V(inoise)*V(inoise)/8.28e-19)) =
3.88937666773847
Specs : Max(V(onoise)) = 4.38705219377557n
Analysis complete
```

图 14-15 查看 MC 原始数据清单

第 14 章

电应力(**Smoke**)工具的使用

电子电路在工作过程中,常因某个(些)元器件承受的热电应力超出其安全工作条件,因此降低了可靠性,严重地导致冒烟烧毁。据此,"冒烟报警"提高电路工作的可靠性,对一些安全性要求较高的电路(网络)采用降额设计已纳入电子工程师视野。Smoke 分析是用在瞬态分析下,仿真、计算、检测各组件参数特性在其工作时所承受的功耗、结温的升高、二次击穿、电流或电压是否在安全的工作范围内,并可清晰地对比出哪个参数特性违反限制,并及时发出预警。本章结合电路实例简介可靠性、降额设计的基本概念和 Smoke 工具的具体使用方法。

14.1 降额设计[①]

依据可靠性的物理分析和实验得知,元器件所承受的电应力(工作电压、工作电流)和热应力(比如工作温度)越高,则元器件的失效率越高,寿命也越短。

如果使元器件承受的电应力和热应力(主要是工作温度)低于元器件的额定值,就可以提高元器件工作的可靠性。因此,使电路设计中对可靠性影响较大的关键元器件,具有较常规额定值还低的裕量,以便确保安全运行,这就是降额设计又称裕量设计。我国已制定有关降额设计标准供设计人员参考。

14.2 Smoke 工具的工作流程

Smoke 工具的工作流程如图 14-1 所示。图中,前几步对于 PSpice-AA 的特色工具都是相同的不赘述,只要选择菜单 PSpice/Advanced analysis/Smoke 命令就可以运行 Smoke 工具,作电路的热电应力分析。然后是分析运行结果是否超出所规定的安全工作条件(过应力参数),此时 Smoke 会给出警告信号,以便用户返回去改变降额因子,或者修改 Smoke 参数、电路设计等手段进行调整使之符合安全工作条件,最后打印输出结束工作。由此可见,Smoke 工具的使用,主要工作是:

---

① 参考《OrCAD 10.5 使用指导》。

① Smoke 参数设置；

② 查看 Smoke 分析结果；

③ 改变降额因子。

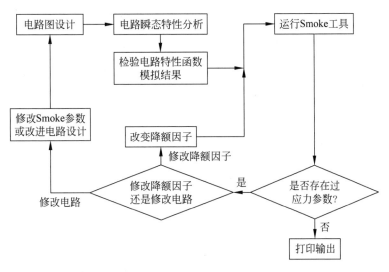

图 14-1　Smoke 工具工作流程图

14.3　无源元器件的 Smoke 参数设置及电路模拟仿真

14.3.1　无源元器件的 Smoke 参数设置

Smoke 参数设置重点介绍无源元器件的 Smoke 参数设置。因为实际上也是无源元器件应用较多，也比较简单。仍然以射频放大器为例（不多赘述，参看第 11 章 11.1 节相关内容），图中的电阻 R，电容 C 都带有高级分析参数，可以结合元器件的相关属性，在变量表中给虚拟变量赋值。相关参数的设置可参考 14.4 节内容，电阻 R 的 4 个与 Smoke 有关参数为：

- **POWER** RMAX = 0.25W：最大功耗 Power；
- **MAX_TEMP** RTMAX = 200 ℃：最高温度；
- **VOLTAGE** RVMAX = 100V：最高电压；
- **SLOPE** RSMAX = 0.005 w/℃：功耗导致的温度变化率。

14.3.2　电路模拟瞬态仿真

Smoke 分析只有时域（瞬态），由于原来电路多作频域（交流）分析，此时，则要加上瞬态电源 Vsin(0　5m　1Meg)，分析时间设为 $10\mu s$，瞬态分析模拟仿真参数设置如图 14-2 所示。

运行结果波形比较理想，输出信号约为 16.5mV，放大倍数约为 3 倍，满足瞬态分析设计结果，电路输出波形如图 14-3 所示。

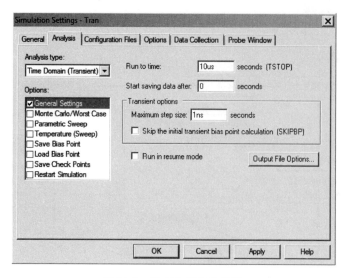

图 14-2   瞬态分析参数设置

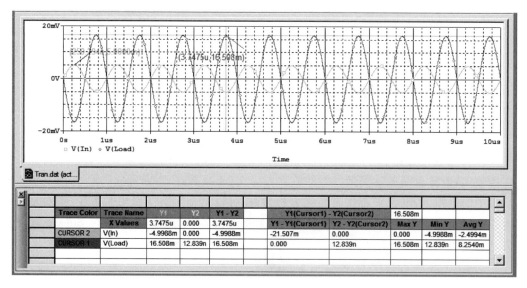

图 14-3   瞬态分析结果

14.4   调用、运行 Smoke 分析工具

1. 调用 Smoke 分析工具

按照降额方式的不同,调用 Smoke 分析工具进行电热应力分析时主要有三种不同的方法,系统默认的设置是 No Derating,即不降额调入 Smoke 分析工具。若采用降额设计方法,可运用系统提供的另外两种 Smoke 分析工具设计方法,即标准降额(Standard Derating)设置和自定义降额文件(Derating Files)设置。本节仍然以射频放大器为实例,采用系统默认的 No Derating 调用 Smoke 工具,具体操作如图 14-4 所示。

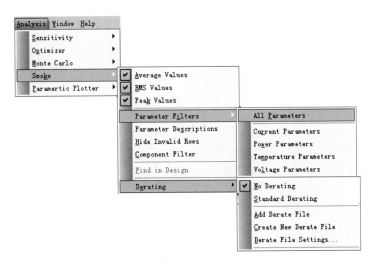

图 14-4　调用 Smoke 工具

从图 14-4 还可以看出,Average Values(平均值)、RMS Values(均方根值)、Peak Values(峰值)均被选中,将在 Smoke 工具窗口中,对同一个应力参数,分三行分别显示同一个应力参数相对应的数值。另外还选中了 Parameter Filters 中的 All Parameters(所有参数类型),其中包括电流参数、功率参数、温度参数和电压参数,相应在 Smoke 工具窗口的 Parameter 列显示对应元器件参数的应力参数名称。

2. 运行 Smoke 分析工具

调入 Smoke 工具的方法如图 14-5 所示。

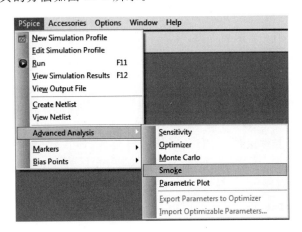

图 14-5　调入 Smoke 工具

打开 Smoke 分析工具窗口,如图 14-6 所示。

从 Smoke 工具窗口可见,图表共分 9 列,下面将分别介绍 Smoke 工具窗中各列功能、用法。

(1) 🏴 列: 应力参数安全条件要求标识,绿旗 🏴 所在行可调整,黄旗 🏴 行不可调。

(2) **Component** 列: 元器件名称。

(3) **Parameter** 列: 以缩写的方式显示应力参数名,如图中显示的 TJ 是 Q1 的结温度

图 14-6　Smoke 工具分析结果

的最大值的缩写。若执行图 14-4 中的 Parameter Descriptions 命令,则应力参数名这一列给出 Smoke 参数名称的详细解释,则 Q1 的 TJ 的缩写替换为详细的 Maximum junction temperature,即结温度最大值,如图 14-7 所示。

（4）**Type** 列：应力参数值显示类型。Average（平均值）、RMS（均方根值）、Peak（峰值）。

（5）**Rated Value**列：数据有效值。

（6）**% Derating**列：降额因子（在 0～1 之间）,如采用 No %Derating,即不降额,均为 1 或 100%。

（7）**Max Derating** 列：安全工作条件范围（SOL, Safe Operating Limits）。在 不 降 额 的 情 况 下,% Derating＝1＝100%就是额定值,即安全工作条件范围（SOL）等于最大工作条件（MOC）,

Component	Parameter
R6	Maximum breakdown temperature
R6	Maximum breakdown temperature
R6	Maximum breakdown temperature
Q1	Maximum junction temperature
Q1	Maximum junction temperature
Q1	Maximum junction temperature
R6	Maximum power dissipation
R6	Maximum power dissipation
R6	Maximum power dissipation
R7	Maximum breakdown temperature
R7	Maximum breakdown temperature
R7	Maximum breakdown temperature
C4	Maximum voltage
C4	Maximum voltage
C4	Maximum voltage
Q2	Max C-E voltage
Q2	Max C-E voltage

图 14-7　应力参数名称的详细解释

图 14-6 中 Q1 的 TJ 参数,**Max Derating** 栏的值为 150℃。该值可以表示为：

安全工作条件范围（SOL）＝最大工作条件（MOC）× %Derating；

（8）**Measured Value** 列：实际工作值,PSpice 计算结果。Q1 的 Average（平均值）＝41.9866℃,RMS（均方根值）＝41.9941℃,Peak（峰值）＝42.6691℃。

（9）**% Max** 列：

$$\%\mathrm{Max} = \frac{\mathrm{Measured\ Value}}{\mathrm{Max\ Derating}} \times 100\%$$

如 Q1 的 TJ 参数,平均值峰值为 41.9986℃,安全值为 150℃,比值为 0.2799,%Max 比值为 28,表示为 $\%\mathrm{Max} = \frac{41.9941}{150} \times 100\% = 0.2799 \approx 28$。

%Max 栏的颜色含义：%Max 中用条状图形的相对长度来表示%Max 值的大小,并用不同的颜色表示应力参数值的状态,具体含义如图 14-8 所示。

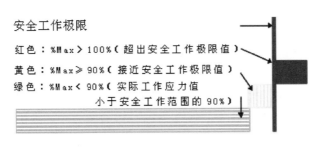

图 14-8 ％Max 栏的颜色含义

14.5 标准降额和自定义降额方法的使用

上节介绍了以系统默认 No Derating 设置来进行热电应力分析,为了提高电路的可靠性,若要采用降额的设计方法,可选用标准降额(Standard Derating)设置和自定义降额文件(Derating Files)设置来进行热电应力分析。

14.5.1 标准降额(Standard Derating)条件的应用方法

1. 标准降额(Standard Derating)条件

标准降额就是指采用系统内部设置的降额方法来进行热电应力分析。根据各个元器件相关应力参数的标准降额因子值,来配置系统的标准降额文件进行热电应力的分析。

2. 采用标准降额条件调用、运行 Smoke 分析工具

在 Smoke 工具窗口单击右键,从快捷菜单中选择执行 Derating/Standard Derating 命令,系统自动配置相关的标准降额文件所规定的降额因子值。

执行 RUN 命令,重新启动 Smoke 分析工具,分析结果如图 14-9 所示。

◆	Component	Parameter	Type	Rated Value	% Derating	Max Derating	Measured Value	% Max
⛨	R6	PDM	Average	250m	11	27.8754m	40.5674m	146
⛨	R6	PDM	Peak	250m	11	27.8754m	40.5675m	146
⛨	R6	PDM	RMS	250m	11	27.8754m	40.5674m	146
⛨	R7	PDM	Peak	250m	14	37.3449m	23.3502m	63
⛨	R7	PDM	Average	250m	15	37.516m	23.0417m	62
⛨	R7	PDM	RMS	250m	15	37.5140m	23.0427m	62
⛨	R6	TB	Average	100	100	100	59.4540	60
⛨	R6	TB	Peak	100	100	100	59.4540	60
⛨	R6	TB	RMS	100	100	100	59.4540	60
⛨	R7	TB	Average	100	100	100	45.4333	46
⛨	R7	TB	Peak	100	100	100	45.6801	46
⛨	R7	TB	RMS	100	100	100	45.4341	46
⛨	Q2	VCE	Average	40	50	20	8.6143	44
⛨	Q2	VCE	Peak	40	50	20	8.6143	44
⛨	Q2	VCE	RMS	40	50	20	8.6143	44
⛨	Q1	VCE	Average	40	50	20	8.1086	41
⛨	Q1	VCE	Peak	40	50	20	8.1266	41
⛨	Q1	VCE	RMS	40	50	20	8.1086	41
⛨	Q1	TJ	Peak	150	100	150	42.6691	29
⛨	Q1	TJ	Average	150	100	150	41.9866	28
⛨	Q1	TJ	RMS	150	100	150	41.9941	28

Smoke - tran.sim [Standard Derating] Component Filter = [*]

图 14-9 采用标准降额因子的热电应力分析结果

从图 14-9 可知,在采用标准降额条件下,对 Q1 的 VCE 参数,％Derating 显示的应力参数降额因子值是 50％,Max Derating 栏的安全工作条件范围为 20V,而此时的 Measured

Value 一栏仍然是 8.1266V(>6V),%Max 的值为 41%。而 R6 的最大损耗功率(PDM 参数),%Derating 显示的应力参数降额因子值是 11%,Max Derating 栏的安全工作条件范围为 27.8754mV,而此时的 Measured Value 一栏仍然是 40.5674mV(>27.8754mV),%Max 的值更是高达 146%,%Max 图形显示为红色的,说明该应力参数的实际值已经超出了该参数的安全工作条件范围,是过应力参数。

当出现过应力参数时,可以在 Smoke 工具窗口中右键选中相应的元器件名称,在出现的快捷菜单中,执行 Find in Design 子命令,将使电路图中该元器件处于选中状态,同时窗口切换为电路图绘制软件 Capture 窗口。修改设计电路,更换安全范围高的元器件,更好的适应电路设计要求;或在 %Derating 栏中,依表 14.6 节 14-1 双极性结型晶体管 Smoke 参数表中的各项标准降额值,选定合适的 Smoke 参数后修改,以保证所有的应力参数均在相应的安全工作条件值范围以内。

14.5.2 自定义降额(Derating Files)条件的使用方法

除了可以运用系统默认的设置 No Derating 和标准降额(Standard Derating)设置来进行热电应力分析外,用户还可以运用自定义降额文件(Derating Files)条件的方式来进行热电应力分析。

1. 用户自定义降额文件

Smoke 分析工具本身提供了标准的降额文件,为不同的元器件规定了一组标准的降额文件,根据实际生产工作的需要,若用户有自己特殊的降额需要,就可以自己建立自定义降额文件,达到相关元器件指定的降额因子需求。

创建自定义降额文件通常可以用记事本打开位于… \tools \PSpice\library 目录下的模板文件 custom_derating_template.drt。根据用户的需要更改模板中相应的降额因子以达到工程的设计要求,标准降额文件中的相关降额因子的设置如图 14-10 所示。

```
("FILE_TYPE"  "Derate File"      降额文件的类型
    ("Comment"   "This is the standard deration file: no vendor specific")      注释说明是标准降额文件
    ("RES"                       电阻 Smoke 参数降额因子设置,有 3 个参数
        ("PDM"  ".55")
        ("TMAX" "1")
        ("TB"   "1")
    )
    ("DIODE"                     二极管 Smoke 参数降额因子设置,有 4 个参数
        ("IF"   ".8")
        ("VR"   ".5")
        ("PDM"  ".75")
        ("TJ"   "1")
    )
    ("NPN"                       NPN 型双极型晶体管 Smoke 参数降额因子设置,有 8 个参数
        ("IB"   "1")
        ("IC"   ".8")
        ("VCB"  "1")
        ("VCE"  ".5")
        ("VEB"  "1")
        ("PDM"  ".75")
        ("TJ"   "1")
        ("SB"   "1")
```

图 14-10　标准降额文件中相关参数的降额因子设置

用户根据需要建立自己的降额文件时,只要修改模板中相应的降额因子值即可(模板默认的降额因子值为1)。作者建议最好不要直接更改系统中的模板文件,避免因操作失误而破坏原有模板的语法格式。最好将模板文件复制、修改、保存在 PSpice 用户目录或当前设计目录下。

2. 采用自定义降额条件调用、运行 Smoke 分析工具

在 Smoke 工具窗口单击右键,在弹出的快捷菜单中选择 Derating/Custom Derating Files 命令,即会出现自定义降额文件配置对话框,如图 14-11 所示。

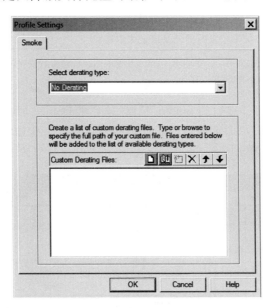

图 14-11 自定义降额文件配置对话框

通过图中的 Custom Derating Files 来添加相应的自定义降额文件,然后在 Select derating type 文本框中选中添加的自定义降额文件,单击 OK 按钮,自定义降额文件设置完成。在 Smoke 工具窗口按下 RUN 键,重新执行 Smoke 分析即可。

14.6 有源元器件的 Smoke 参数和设置方法

有源元器件的 Smoke 参数与元器件模型参数,都是在 PSpice 的 Model Editor 模块里进行统一处理。有源元器件的 Smoke 参数个数要比无源元器件的 Smoke 参数个数要多,但参数名称相对单一。比如双极性结型晶体管的 Smoke 参数共有 13 个,见表 14-1。

表 14-1 双极性结型晶体管的 Smoke 参数表

Smoke 参数名	最大工作条件(含义)	标准降额值
IB	最大基极电流(A)	1
IC	最大集电极电流(A)	0.8
PDM	最大功耗(W)	0.75
RCA	管壳到环境之间的热阻(℃/W)	
RJC	结点到管壳之间的热阻(℃/W)	

续表

Smoke 参数名	最大工作条件(含义)	标准降额值
SBINT	二次击穿截止电流(A)	
SBMIN	最高温度下现实降额(二次击穿)	
SBSLP	二次击穿变化率	
SBTSLP	温度降额变化率(二次击穿)	
TJ	最高结点温度(℃)	1
VCB	集电极－基极最大电压(V)	1
VCE	集电极－发射极最大电压(V)	0.5
VEB	发射极－基极最大电压(V)	1

注：RCA(管壳到环境之间的热阻(℃/W))、RJC(结点到管壳之间的热阻(℃/W))二者只用于计算 TJ(最高结点温度(℃)),不是器件的最大工作条件,不出现在 Smoke 窗口。

如若修改双极性结型晶体管的 Smoke 参数,只要在 PSpice Model Edit 窗口下,选择菜单 Model/Add Smoke 命令,即可调出 Smoke 参数直接修改。比如修改 Q2N3906 的 Smoke 参数,先如图 14-12 所示调出它的 Smoke 参数,再在 Value 栏修改之。

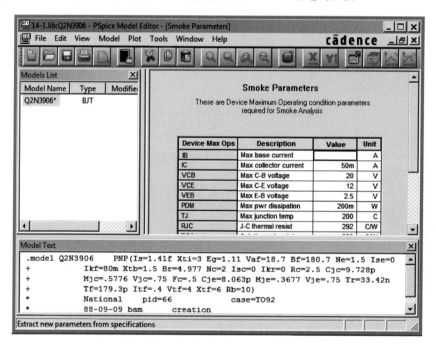

图 14-12　修改双极性结型晶体管的 Smoke 参数

第 15 章

CHAPTER 15

电路的计算机分析例题

15.1 直流分析例题

例 15-1 D1 是一个稳压二极管,采用直流分析的方法,使电压 V1 在一定范围内改变,同时观察 D1 上电压的变化,从而观察 D1 的稳压特性,电路如图 15-1 所示。

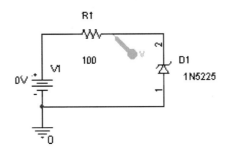

图 15-1 稳压二极管电路

在直流扫描分析参数设置中,把电压源 V1 设置为直流电压扫描变量,扫描值从 0V 到 5V,每次递增 1V,运行波形如图 15-2 所示。

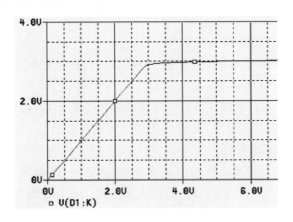

图 15-2 D1 的稳压特性曲线

例 15-2 多个电压源、电流源组成的直流电路如图 15-3 所示。试求 R3 中的电流。

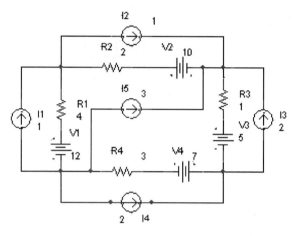

图 15-3 复杂电路

手工计算时,将电流源的电流设为网孔电流以便减少未知数,只要建立一个回路电压方程即可求解;用.DC 方法计算时,任选一电源,比如 I1,令其值初值为 1A,终止值也为 1A,步长也为 1A,然后启动 RUN;或者使用 Bias Point 法做其结果应当是一致的,I(R3)=0.26A。

例 15-3 一含理想运算放大器(OP-AMP)电路如图 15-4 所示。试求输出电压。

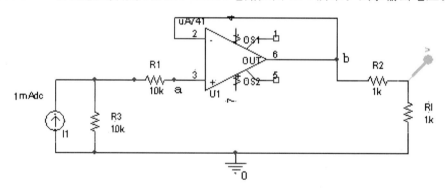

图 15-4 OP-AMP 电路图

作直流分析,其结果如图 15-5 所示。

例 15-4 上述运放也可以用含受控源等效电路进行等效变换后再做,如图 15-6 所示。运行后结果相同如图 15-7 所示。

在运用受控源时有两点值得注意:一是分清哪种受控源,不论是受控支路还是被控制支路,是电流的一律串联在电路里,是电压的一律并联在电路里;二是控制量,要填在增量GAIN 栏里,不要写在 value 中。

例 15-5 含 VCCS 受控源电路如图 15-8 所示,求电阻 R3 两端的电压。

含受控源电路在进行 CAD 分析时,有两点需注意:一是连线电压支路(无论控制或被控支路)要并联在支路上,电流支路是串联在支路中;二是 GAIN(增益)的填写位置要注意,如图 15-9 所示。如在 VALUE 处改写,只起显示作用如图 15-8 所示。此题用 Bias Point 法最为简单,结果就显示在图上:2V−(−18V)=20V。

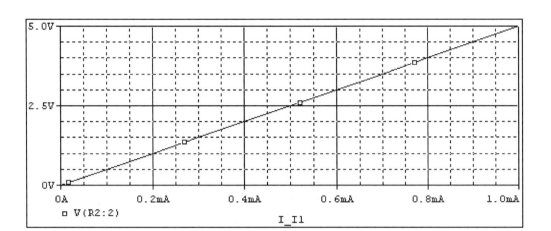

图 15-5　分析结果

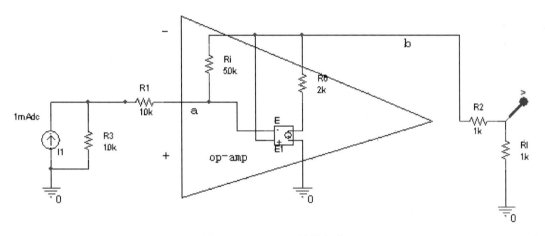

图 15-6　OP-AMP 等效电路

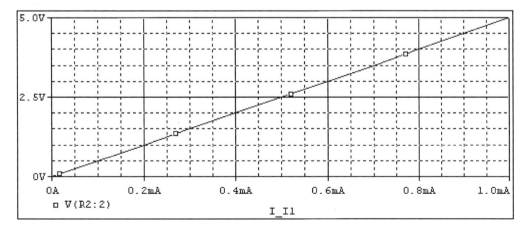

图 15-7　分析结果比较

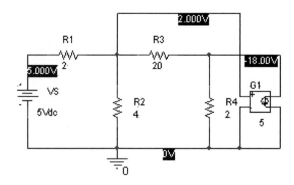

图 15-8　含 VCCS 受控源电路

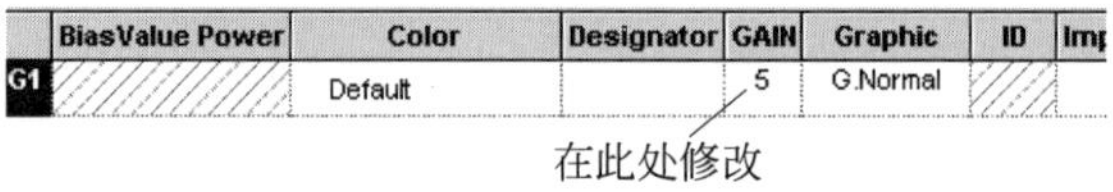

	BiasValue Power	Color	Designator	GAIN	Graphic	ID	Imp
G1		Default		5	G.Normal		

在此处修改

图 15-9　VCCS 的数据填写

例 15-6　含 VCVS 受控源的电路如图 15-10 所示,求通过电阻 R1 的支路电流。

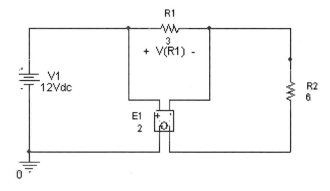

图 15-10　含 VCVS 受控源电路

此题如果用直流分析需先设置直流扫描,如图 15-11 所示。电压 12V 不变,步长设为 1V,运行后如图 15-12 所示。

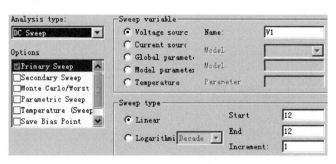

图 15-11　.DC 的设置

运行结果与 Bias Point 法分析结果相一致。

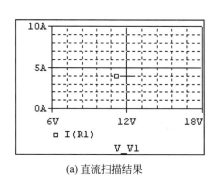

(a) 直流扫描结果

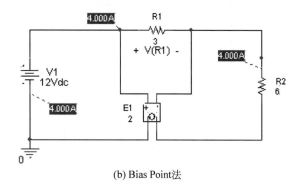

(b) Bias Point法

图 15-12　运行结果

15.2　交流分析例题

例 15-7　频率响应多是正弦交流的稳态分析,下面仍以 BJT 组成的共射极放大电路为例,如图 15-13 所示,介绍有关频率响应的基本概念。

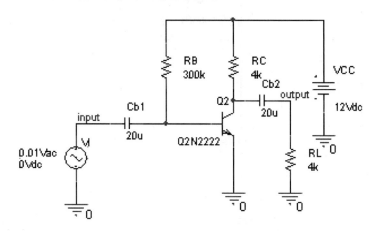

图 15-13　BJT 单级放大电路

图 15-13 为 RC 耦合电路,加以正弦交流小信号,观察其频率响应。

1. 幅频特性

将上述电路进行交流分析,频率从 1Hz(不能置零)至 10MHz 运行结果如图 15-14 所示。

图中,幅频特性曲线为放大倍数曲线。为分析简便可将输入电压设为 1V,这样得出的电压、电流频率响应就是放大倍数,即用归一法。如图 15-15 所示。

图中,中心频率(10KHz)的放大倍数为 17.694。与图 15-14 幅频响应所得结果一致。幅频响应还常用分贝数表示:

$$\left.\frac{A_v}{A_{vmid}}\right|_{dB} = 20\log_{10}\frac{A_v}{A_{vmid}}$$

依此式得幅频响应的分贝图形如图 15-16 所示。

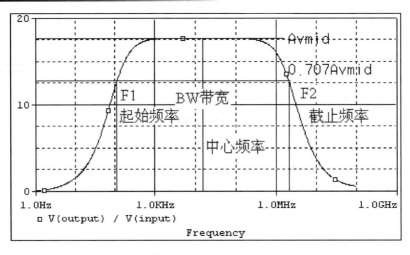

图 15-14　幅频响应

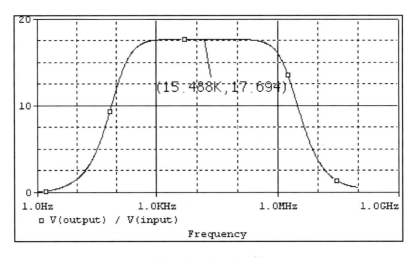

图 15-15　归一法示例

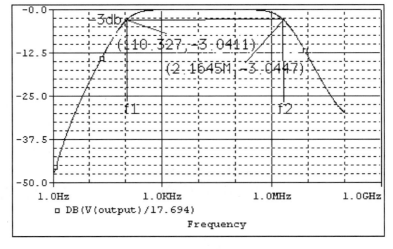

图 15-16　DB 图形

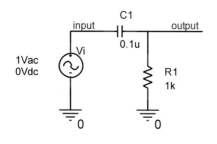

图 15-17 RC 高通电路

图中,以 $-3\mathrm{dB}$ 时的 f1,f2 之间宽度为 BW(带宽)值。分析结果与图 15-14、图 15-15 相似。

2. 模拟用的 RC 电路

在理论分析时常用 RC 电路,来模拟放大电路的高通、低通和带通频率响应。

例 15-8 RC 高通电路,如图 15-17 所示。

AC 分析设置频率由 $1\mathrm{Hz}\sim100\mathrm{MHz}$,运行结果如图 15-18 所示。

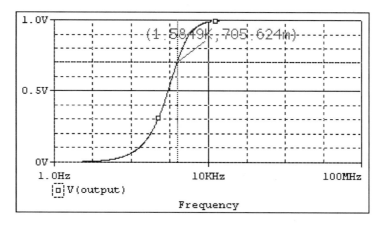

图 15-18 RC 高通电路响应

$$A_{\mathrm{V}} = \frac{V_{\mathrm{O}}}{V_{\mathrm{i}}} = \frac{R}{R - JX_{\mathrm{C}}} = \frac{1}{1 - J(1/2\pi fCR)}$$

当 $X_{\mathrm{C}} = \dfrac{1}{2\pi f_1 c} = R$ 时

$$G_{\mathrm{V}} = 20\log_{10}A_{\mathrm{V}} = 20\log_{10}\frac{1}{\sqrt{2}} = -3\mathrm{dB}$$

用分贝表示的波形如图 15-19 所示。

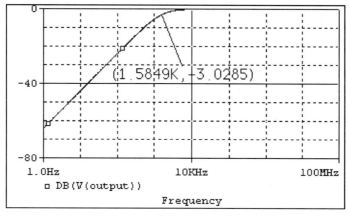

图 15-19 用分贝表示的 RC 高通波形

例 15-9 RC 低通电路,如图 15-20 所示。

AC 分析设置频率由 1Hz～100MHz,运行结果如图 15-21 所示。

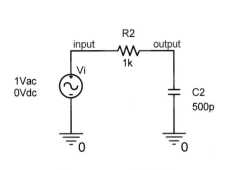

图 15-20 RC 低通电路

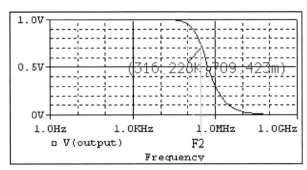

图 15-21 RC 低通电路波形

用分贝表示的波形如图 15-22 所示。

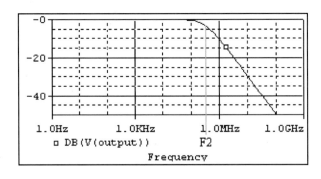

图 15-22 用分贝表示的 RC 低通波形

例 15-10 RLC 并联电路加一正弦交流电流源,如图 15-23 所示,试求其交流分析各种波形。交流分析的设置方法同前,具体数值如下图 15-24 所示。

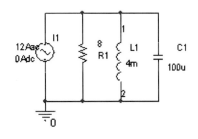

图 15-23 RLC 并联电路

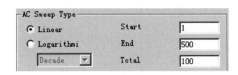

图 15-24 交流分析的设置

RLC 并联电流谐振点如图 15-25(a)所示,RLC 并联电流谐振时相量图如图 15-25(b)所示。

RLC 并联电压相同,如图 15-26 所示。电流源发出的功率如图 15-27 所示。

各个元器件的导纳值也可简捷的求出,如图 15-28 所示。

RLC 的电流相频特性,如图 15-29 所示。

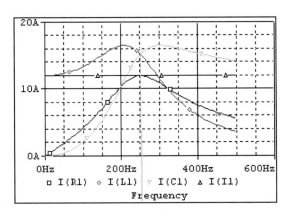

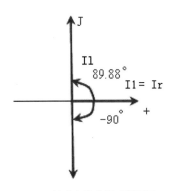

(a) RLC并联电流谐振点　　　　　　　　　(b) RLC并联电流谐振时相量图

图 15-25　RLC 并联电路交流分析

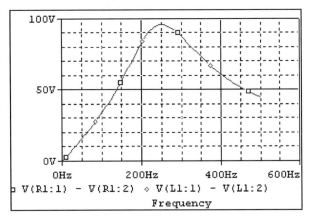

图 15-26　RLC 并联电压

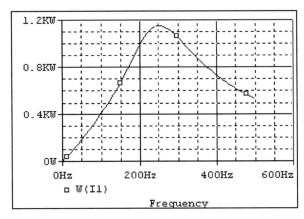

图 15-27　电流源发出的功率

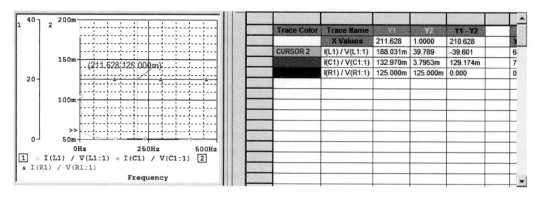

图 15-28　元器件的导纳值

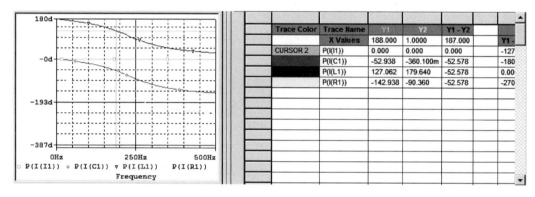

图 15-29　RLC 的电流相频特性

例 15-11　RL 串联（一般电感元器件都有电阻）与 C 并联（为提高功率因数）的混联电路也是常用的等效电路，如图 15-30 所示。求幅频、相频特性。在低频段（约 1kHz 以下）频率步长用线性的，高频多用对数的，如图 15-31 所示。

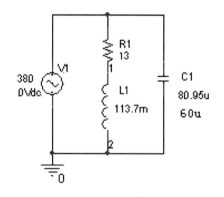

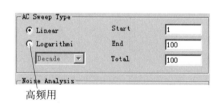

高频用

图 15-30　RL 串联与 C 并联的混联电路　　　　图 15-31　交流分析对话框

可求出 RL 串联与 C 并联的混联电路的谐振频率点，如图 15-32 所示。

此时，吸收功率也最小，如图 15-33 所示。瞬时的功率因数如图 15-34 所示。

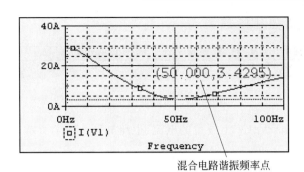

图 15-32 混联电路谐振频率点

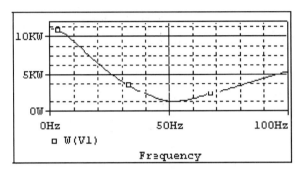

图 15-33 吸收功率

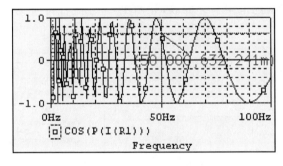

图 15-34 功率因数

15.3 瞬态分析例题

例 15-12 电容(动态)元器件上加以折线电压源如图 15-35 所示。试求 C1 的电压和电流。

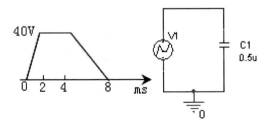

图 15-35 电容元器件

折线源的参数设置如图 15-36 所示。

Source Part	T1	T2	T3	T4	T5	T6	T7	T8	V1	V2	V3	V4	V5	V6	V7	V8	Value
: V1	VPWL.Normal	0	2m	4m	8m					0	40	40	0					VPWL

图 15-36　折线源的参数设置

用 RUN 运行(10ms)后 C1 上所得的电流、电压如图 15-37 所示。

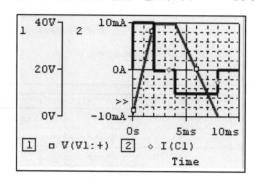

图 15-37　C1 上所得的电流、电压

例 15-13　电容(动态)元器件上加一折线电流源如图 15-38 所示。试求 C1 的电压和电流。

在编程时不允许电容(动态)元器件与(折线)电流源构成回路,因为直流时电流源无通道,仿真时可加一相对大的电阻与之并联,如图 15-38 所示,其他操作与上例相同。运行结果如图 15-39 所示。

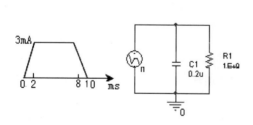

图 15-38　电容元器件上加以折线电流源

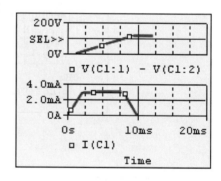

图 15-39　运行结果

例 15-14　电感(动态)元器件上加以周期折线电流源如图 15-40 所示。试求 L1 的电压和电流。

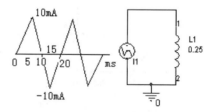

图 15-40　电感元器件上加以周期折线电流源

在编程时不允许电感(动态)元器件与(折线)电压源构成回路,因为直流时电压源将短路,仿真时可加一相对小的电阻与之串联。

有关周期(折线)电流源的参数填写如图 15-41 所示。

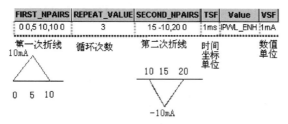

图 15-41 周期(折线)电流源的参数填写

运行时间设为 100ms,结果如图 15-42 所示。

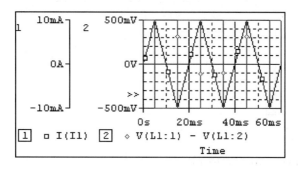

图 15-42 运行结果

例 15-15 电感(动态)元器件上加一折线电压源如图 15-43 所示。试求 L1 的电压和电流。

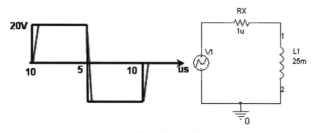

图 15-43 电感元件上加折线电压源

例 15-14 已经说过,在编程时不允许电感元件与电压源构成回路,本题就是仿真时串联一小电阻的示例。PWL 电压折线源的数据填写,如图 15-44 所示。

T1	T2	T3	T4	T5	T6	T7	T8	V1	V2	V3	V4	V5	V6	V7	V8	Value
0	1n	5u	5.001u	10u	10.001u			0	20	20	-20	-20	0			VPWL

图 15-44 PWL 电压折线源的数据填写

运行(12us)后所得波形如图 15-45 所示。能量是功率取积分用"S( )"命令,如图 15-46 所示。

例 15-16 互感(动态)元器件上加一交流正弦电压源如图 15-47 所示。试求互感两端电压。

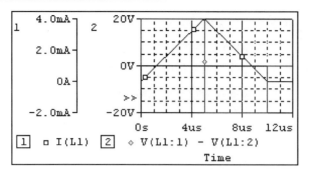

图 15-45　L1 的电压和电流

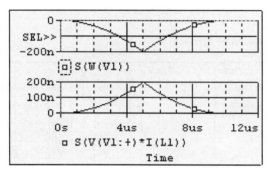

图 15-46　能量

互感元件(TX1)在 Analog.olb 库搜索,它要填写 L1、L2 的电感值和耦合系数 $K \leqslant \dfrac{M}{\sqrt{L1 \times L2}}$,如图 15-48 所示。运行时间为 100ms,所得波形如图 15-49 所示。

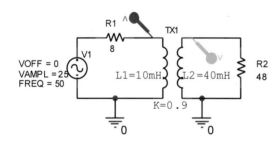

图 15-47　互感元件(TX1)

	COUPLING	L1_VALUE	L2_VALUE	Part Refere
TX1	0.9	10mH	40mH	TX1

耦合系数K 电感元件

图 15-48　参数设置

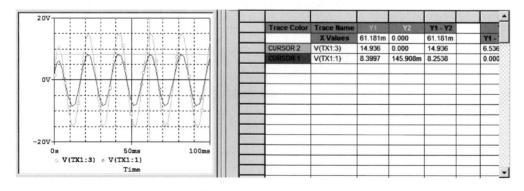

图 15-49　互感两端电压

细心的读者会发现起始的电压值与稍后的电压值并不一致，这就是下面例题要讲的过渡过程问题（即由一个稳定状态到另一个稳定状态的过程）。

例 15-17 RC 串联一阶电路加一折线电压源如图 15-50 所示。试求 C1 的电压与电流。

时间常数 RC＝10ms，电容需有初始电压（－5V）填写在 IC 栏，填写"0V"也行，不然反应不出过渡过程。C1 元器件参数填写如图 15-51 所示。

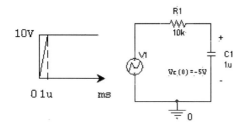

图 15-50 RC 串联一阶电路

	Source Package	IC	TOLERANCE	Value
C1	C	-5		1u

图 15-51 C1 元器件参数填写

运行时间设为 50ms，波形如图 15-52 所示。

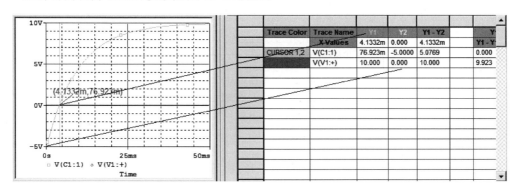

Trace Color	Trace Name	Y1	Y2	Y1 - Y2		Y
	X Values	4.1332m	0.000	4.1332m		Y1 - Y
CURSOR 1,2	V(C1:1)	76.923m	-5.0000	5.0769		0.000
	V(V1:+)	10.000	0.000	10.000		9.923

图 15-52 C1 的电压波形变化

例 15-18 有电压源含开关 RC 一阶电路图 15-53 所示。试求 C1 的电压与电流。

开关可用文件名 Sw＊搜索而得。TTRAN 栏可用时间常数作为参考进行填写。在程序中存有开关子模型参数，如图 15-54 所示。

	Source Package	Source Part	TCLOSE	TTRAN	Value
U1	Sw_tClose	Sw_tClose.Normal	0	0.5	Sw_tClose

(a) 开关模型参数的填写

```
* For DC and AC analyses, the switch will be Open.
.SUBCKT  Sw_tClose 1  2  PARAMS:
+ tClose=0    ; time at which switch begins to close
+ ttran=1u    ; time required to switch states (must
be realistic, not 0)
+ Rclosed=0.01 ; Closed state resistance
+ Ropen=1Meg  ; Open state resistance (Ropen/Rclosed)
< 1E10)
V1 3 0 pulse(0 1 {tClose} {ttran} 1 10k 11k)
S1 1 2 3 0 Smod
.model Smod Vswitch(Ron={Rclosed} Roff={Ropen})
.ends
```

(b) 开关子模型参数

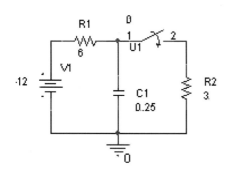

图 15-53 含开关的 RC 一阶电路

图 15-54 开关子模型

C1、R1、R2 波形如图 15-55 所示。

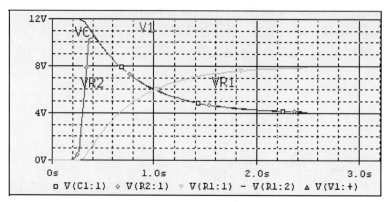

(a) C1、R1、R2电压波形

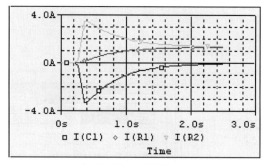

(b) C1、R1、R2电流波形

图 15-55　RC 一阶电路分析结果

例 15-19　多阶电路与直流电源接通又断开,如图 15-56 所示。试求 C2 的电流。参数设置如图 15-57 所示。

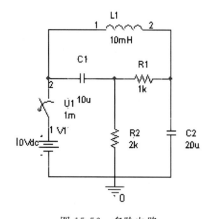

图 15-56　多阶电路

			Source Package	TOPEN	TTRAN	Value
1	⊞	SCHEMATIC1 : PAGE1 : C1	C			10u
2	⊞	SCHEMATIC1 : PAGE1 : C2	C			20u
3	⊞	SCHEMATIC1 : PAGE1 : L1	L			10mH
4	⊞	SCHEMATIC1 : PAGE1 : R1	R			1k
5	⊞	SCHEMATIC1 : PAGE1 : R2	R			2k
6	⊞	SCHEMATIC1 : PAGE1 : U1	Sw_tOpen	1m	1m	Sw_t
7	⊞	SCHEMATIC1 : PAGE1 : V1	VDC			VDC

图 15-57　设置元件参数

运行结果如图 15-58 所示。

图中曲线呈衰减震荡,这是因为 C 中电场能量与 L 中磁场能量互相交流直至被电阻耗尽为止。

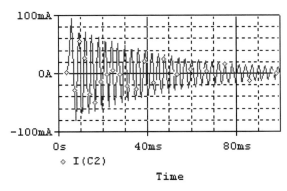

图 15-58　运行结果

15.4　交流分析和瞬态分析的比较

在电路 CAD 中所指的交流分析,是在正弦交流电源稳定状态激励下,各个元器件变量的响应。本节主要介绍幅频、相频响应,故称频域分析。瞬态分析又称时域分析。用例题讲述一下,二者的区别及其交互使用。

例 15-20　如图 15-59 所示电路,对其进行瞬态分析,分析电阻的电压、电流响应。

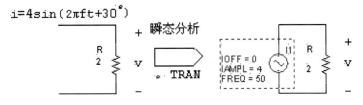

图 15-59　.TRAN

瞬态分析需加时域源,此题要加正弦交流电流源(ISIN),它的大小、正负是随时间变化。其相位角填写在 ISIN 元器件栏 PHASE 30 中。运行时间设为 100ms。结果如图 15-60(a)、(b)所示。

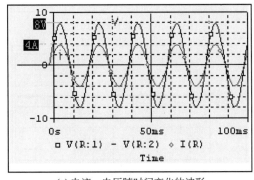

(a)电流、电压随时间变化的波形

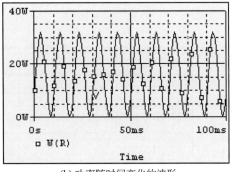

(b)功率随时间变化的波形

图 15-60　瞬态分析结果

若对此题进行交流分析,需加交流源(IAC),并只填写幅值(常用有效值)和幅角,如图 15-61 所示。

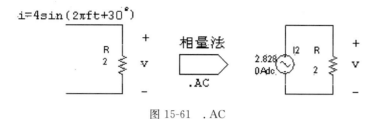

图 15-61 .AC

运行前要确定频域区间,比如从初始频率(不能是零)1Hz 至终止频率 1000Hz,如图 15-62 所示。

图 15-62 交流扫描设置

运行结果如图 15-63(a)、(b)、(c)、(d)所示。若用瞬态分析求功率的平均值,可在图 15-63(b) 上加用 AVG()取 X 的平均值函数,如图 15-63(c)所示。R1 的电压、电流的相频特性,是调用 Probe 程序内常用的运算函数调 P(),如用 AVG()一样,如图 15-63(d)所示。

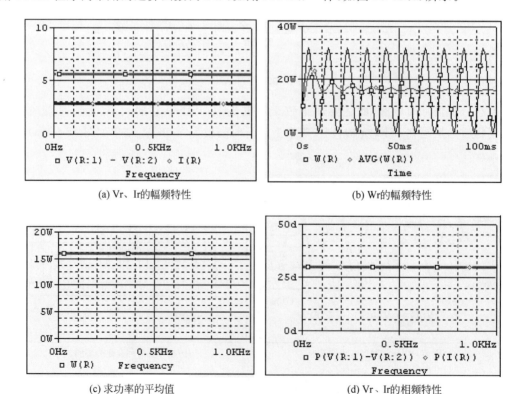

(a) Vr、Ir的幅频特性

(b) Wr的幅频特性

(c) 求功率的平均值

(d) Vr、Ir的相频特性

图 15-63 运行结果

例 15-21　RLC 串联电路如图 15-64（a）所示。试求其瞬态、交流分析各种波形。图 15-64（b）是图 15-64（a）的化简。

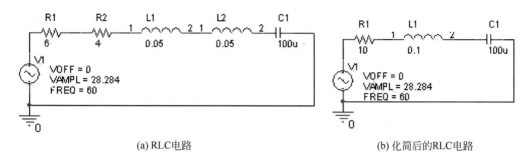

(a) RLC 电路　　　　　　　　　　　　　(b) 化简后的RLC电路

图 15-64　RLC 串联电路

瞬态分析时运行时间设置为 50ms，得出 RLC 各元器件的电压波形如图 15-65 所示。

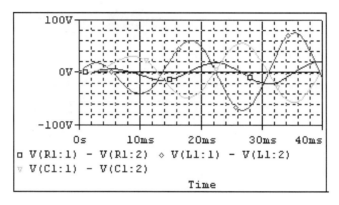

图 15-65　电压波形

图中，电容与电感的电压波形相反，相位相差 180°。欲做交流分析时，如上例在 VSIN 源，填加 AC 项即可。可得出电压串联谐振点如图 15-66 所示。画出电压串联谐振频率下的相量图，如图 15-67 所示。

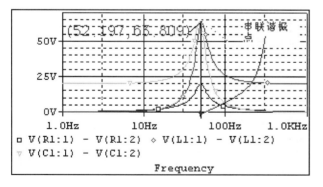

图 15-66　电压串联谐振点

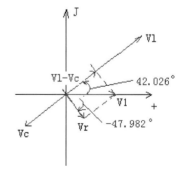

图 15-67　相量图

当频率为 60Hz（为美、加等国送电频率），幅频特性如图 15-68 所示。当频率为 50Hz 时，相频特性如图 15-69 所示。

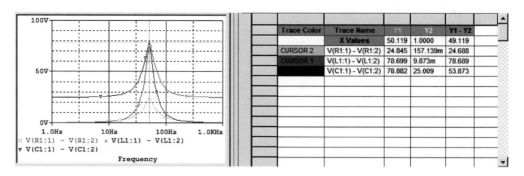

图 15-68　幅频特性

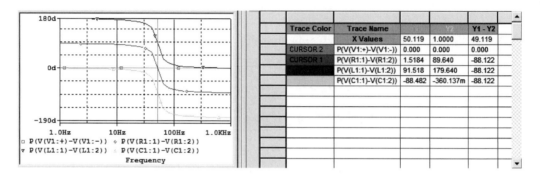

图 15-69　相频特性

功率随频率变化波形如图 15-70 所示。阻抗、导纳随频率变化波形如图 15-71 所示。

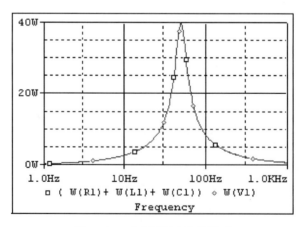

图 15-70　功率随频率变化波形

例 15-22　三相电路仅是交流的一个特例，即对称三相电源作用于对称三相负载上。利用这种对称三相关系可以简化运算。可惜对于用一般规律编写的 CAD 程序很少能用到简化运算。因此，仅举一例说明一下应用方法，如图 15-72 所示。

对称三相电源的电源参数填写如图 15-73 所示。瞬时对称三相电源在运行 100ms 后得出波形，如图 15-74 所示。

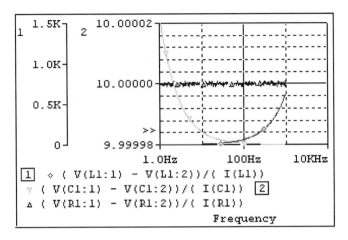

图 15-71 阻抗随频率变化波形

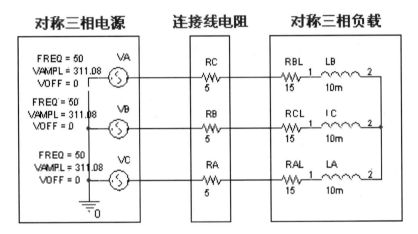

图 15-72 对称三相电路

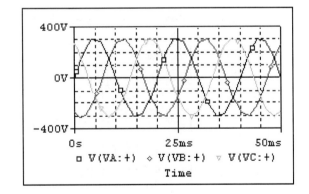

图 15-74 对称三相电源

	Referer	PHASE Value		VAMPL	VOFF
VA	VA	0	VSIN	311.08	0
VB	VB	-120	VSIN	311.08	0
VC	VC	120	VSIN	311.08	0

图 15-73 对称三相电源的电源参数的填写

　　对称三相电源的相电压最大值相同(311.08V),相位上互差 120 度,三者之和为零。

　　对称三相电源的线电压也是最大值相同(380 * 1.732V),相位上互差 120 度,三者之和为零如图 15-75 所示。

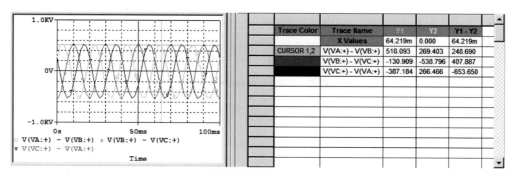

图 15-75   对称三相电源的相电压与线电压

由于对称三相电源的相电压相同（311.08V），相位上互差 120 度，连接的负载阻抗相同，因此，对称三相电路的相电流也相同（15A），相位上互差 120 度，三者之和为零，如图 15-76 所示。

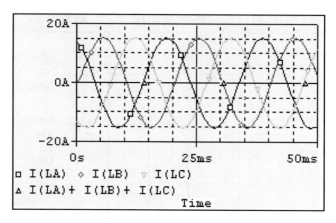

图 15-76   对称三相电源的相电压、相电流

对称三相电路瞬时功率的为一常值 5.3kW，如图 15-77、图 15-78 所示。功率恒定带动电机的转矩也是恒定的平稳的转动，这是三相交流电得到广泛应用原因之一。

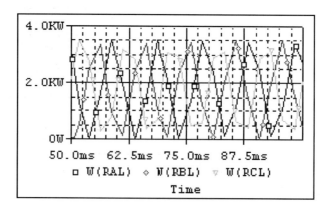

图 15-77   对称三相电源瞬时功率

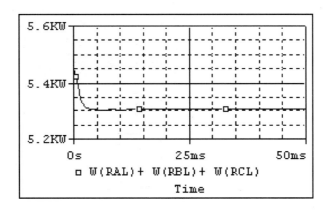

图 15-78 对称三相电源平均功率

对称三相电路的相电压都是 220V，如图 15-79、图 15-80 所示，这就是我们的民用电。

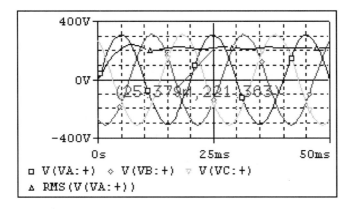

图 15-79 相电压的有效值

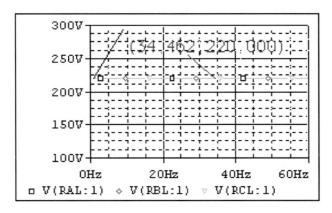

图 15-80 相电压的幅频特性

对称三相电路的线电压都是 380V，这是常识，如图 15-81 所示。

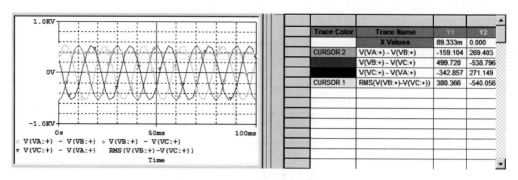

图 15-81　三相电源的线电压

第 16 章

拉普拉斯变换、傅里叶变换和非线性电路

16.1　拉普拉斯变换

拉普拉斯变换从理论上是将交流分析、瞬态分析统一在一起了,如交流分析那样,在复频域进行拉普拉斯正变换;然后再进行拉普拉斯反变换求出时域的解析解。由于 CAD 技术中已含上述内容的数值解,因而没有进行拉普拉斯正变换内容,只保留拉普拉斯反变换求出时域的解析解内容。本节简介这部分内容。

例 16-1　RL 串联电路接通直流电源如图 16-1 所示。试用拉普拉斯变换求解。

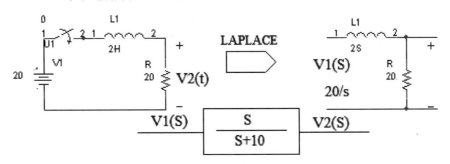

图 16-1　RL 串联电路

从图中可以看出拉普拉斯变换的正变换过程,它与相量法极其相似,相量法实际上是拉氏变换的特例而已。难度在于如何快速地求出反变换。用 CAD 技术求解时改画成如图 16-2 所示。

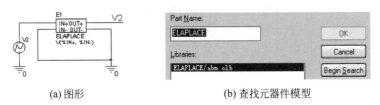

(a) 图形　　　　　　　　(b) 查找元器件模型

图 16-2　拉普拉斯变换

在 CAD 技术中有拉普拉斯变换行为仿真模型,用元器件搜索法,可以查找到拉普拉斯变换模型。

从图中可知 ELAPLACE 存放在 abm. olb 库中,所以,也可以先查到 abm. olb 库,再找 ELAPLACE 模型("E"是 VCVS 受控电压源模型;还有"I"是 CCCS 受控电流模型)。

将 ELAPLACE 模型参数依题填写如图 16-3 所示。

	Source Package	Source Part	Value	XFORM
E1	*ELAPLACE*	*ELAPLACE.Normal*	ELAPLACE	10/(s+10)

图 16-3   参数设置

V2 仍为折线源做瞬态分析得出的波形,如图 16-4 所示。

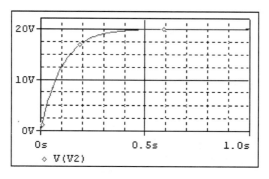

图 16-4   瞬态分析波形

如果外加交流电源,由于电路网络函数不变,分析方法亦不变(E 不变),如图 16-5 所示。做瞬态分析得出的波形如图 16-6 所示。

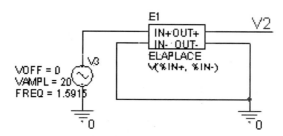

图 16-5   外加交流源电路

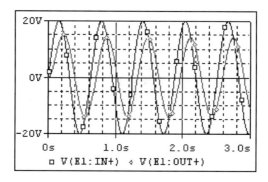

图 16-6   瞬态分析波形

拉普拉斯变换不研究电路内部的情况,它所研究的对象是依据电路的网络函数,在输入端加以不同激励时所得的输出端响应。

16.2 傅里叶变换

傅里叶变换理论:任意周期变换的波形,只要满足狄克拉条件都可以分解为多次正弦、余弦谐波之和。这样一来对每次正弦谐波,都可以应用相量法求解,然后再把所得结果转换为时域解求和,即是最后结果。本节简介在 CAD 技术中傅里叶变换的具体应用。

例 16-2 试求下列不同频率的正弦电压之和。

$$V_1 = 12\sin(2\pi 10t), \quad V_2 = 5\sin(2\pi 20t), \quad V_3 = 3\sin(2\pi 30t)$$

可用仿真行为模型描述如图 16-7 所示。

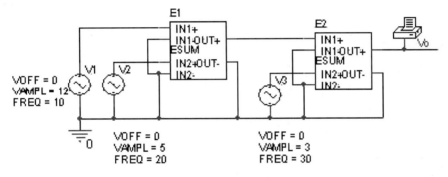

图 16-7 仿真行为模型

ESUM(两输入电压信号相加,可以搜索到)先做瞬态分析,运行时间 100ms,得出波形如图 16-8 所示。在 CAD 技术中,这种由时域值转换成频域值(或相反转换)只要用快捷键即可,如图 16-9 所示。

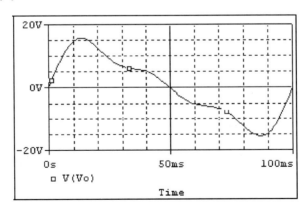

图 16-8 瞬态分析

如有需要也可以在瞬态分析下,设置傅里叶分析如图 16-10 所示。

确定频率步长、分析次数和输出变量后,得出波形与上述相同,不赘述。用 VPRINT 器件(用搜索法搜索)可在在输出文件中获得更多的内容,如图 16-11 所示。失真度为 49.65%。

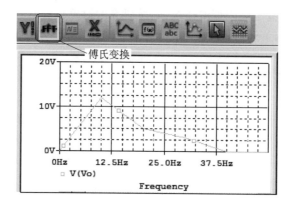

图 16-9　傅里叶分析

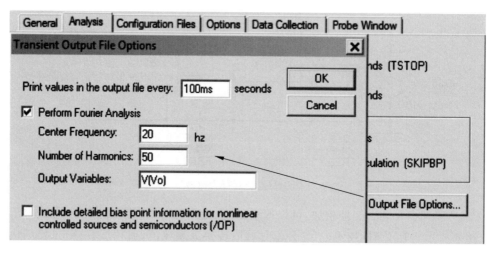

图 16-10　设置参数

```
*Analysis directives:
.TRAN 100m 100ms 0
.FOUR 20 50 V([VO])
.PROBE V(alias(*)) I(alias(*)) W(alias(*)) D(alias(*)) NOISE(alias(*))
****      FOURIER ANALYSIS                 TEMPERATURE =   27.000 DEG C
*********************************************************************************
FOURIER COMPONENTS OF TRANSIENT RESPONSE V(VO)
DC COMPONENT = -8.258212E+00
```

HARMONIC NO	FREQUENCY (HZ)	FOURIER COMPONENT	NORMALIZED COMPONENT	PHASE (DEG)	NORMALIZED PHASE (DEG)
1	2.000E+01	5.720E+00	1.000E+00	2.957E+01	0.000E+00
2	4.000E+01	2.637E+00	4.610E-01	8.998E+01	3.083E+01
3	6.000E+01	8.577E-01	1.500E-01	9.000E+01	1.280E+00
4	8.000E+01	4.502E-01	7.870E-02	9.001E+01	-2.828E+01
42	8.400E+02	6.690E-03	1.170E-03	9.016E+01	-1.152E+03
43	8.600E+02	6.565E-03	1.148E-03	9.042E+01	-1.181E+03
44	8.800E+02	6.423E-03	1.123E-03	9.080E+01	-1.210E+03
45	9.000E+02	6.241E-03	1.091E-03	9.125E+01	-1.240E+03
46	9.200E+02	5.975E-03	1.045E-03	9.164E+01	-1.269E+03
47	9.400E+02	5.508E-03	9.630E-04	9.175E+01	-1.298E+03
48	9.600E+02	4.240E-03	7.412E-04	9.075E+01	-1.329E+03
49	9.800E+02	6.794E-03	1.188E-03	5.971E+01	-1.389E+03
50	1.000E+03	1.131E-02	1.977E-03	7.784E+01	-1.401E+03

```
    TOTAL HARMONIC DISTORTION =     4.965489E+01 PERCENT
```

图 16-11　输出文件

16.3　非线性电路简介

非线性电路应用广泛,电子电路就是非线性的电路。从理论上讲是设法将非线性电路转换为线性电路,比如利用折线法、小信号法等方法,然后仍用线性电路进行分析。本节仅就非线性电路举例做概念性介绍。

例 16-3　含开关 RLC 串联二阶电路加一直流电压源如图 16-12 所示。试求 C1 的电压与电流。

运行后得出波形如图 16-13 所示。如果不接电源,但有储能元器件(比如 C1),如图 16-14 所示,试求 C1 的电压与电流。

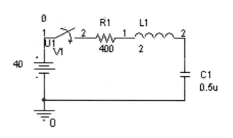

图 16-12　RLC 串联二阶电路

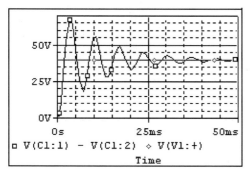

图 16-13　图 16-12 运行结果

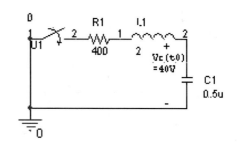

图 16-14　储能元件 C1

所得波形如图 16-15 所示。从电工理论得知波形仅与电路结构有关,与激励源无关。在这里加以验证。

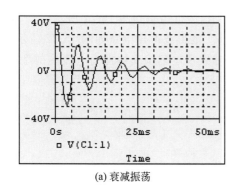

(a) 衰减振荡

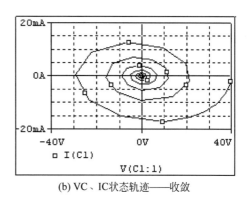

(b) VC、IC状态轨迹——收敛

图 16-15　RLC 电路分析结果

由于 $LC = \dfrac{\mathrm{d}^2 vc}{\mathrm{d}t} + RC\,\dfrac{\mathrm{d}vc}{\mathrm{d}t} + vc = 0$

解：$R \begin{cases} >2\sqrt{\dfrac{L}{C}} & \text{非振荡放电过程} \\[4pt] <2\sqrt{\dfrac{L}{C}} & \text{振荡放电过程} \\[4pt] =2\sqrt{\dfrac{L}{C}} & \text{临界情况} \\[4pt] =0 & \text{等幅振荡} \end{cases}$

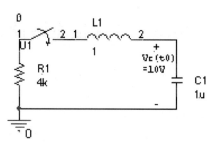

图 16-16 非振荡放电过程

本题 $400<2\sqrt{\dfrac{L}{C}}=2\sqrt{\dfrac{2}{0.5\times10^{-6}}}=4000$，为振荡放电过程。

例 16-4 非振荡放电过程如图 16-16 所示，运行结果的波形如图 16-17(a)、(b)所示。

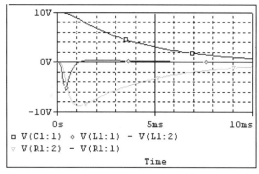

(a) 非振荡放电过程

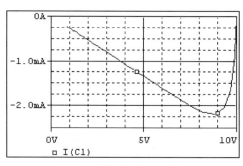

(b) VC、IC状态轨迹——发散

图 16-17 RLC 电路分析结果

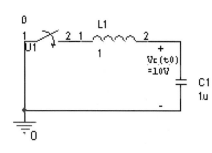

图 16-18 等幅振荡过程

例 16-5 等幅振荡过程如图 16-18 所示，运行的波形如图 16-19(a)、(b)所示。

从《电路》[①]理论得知这个自由分量只与电路结构、参数有关，与电源无关。比如，外加脉冲源如图 16-20 所示，运行结果如图 16-21 所示。

例 16-6 范得波振荡电路如图 16-22 所示。

图中，非线性电阻伏安特性为电流控制型电阻，可用下式表示：

$$u_R = \frac{1}{3}i_R^3 - i_R$$

电路的状态方程为：

$$\frac{du_C}{d\tau} = -\frac{1}{\xi}i_L$$

$$\frac{di_L}{d\tau} = \xi\left[u_C - \left(-\frac{1}{3}i_L - i_L\right)\right]$$

① 参阅邱关源主编《电路》第七章。

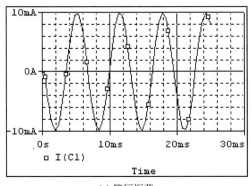

(a) 等幅振荡

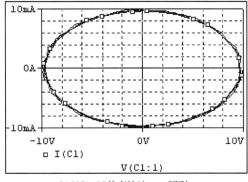

(b) VC、IC状态轨迹——环形

图 16-19　RLC 电路分析结果

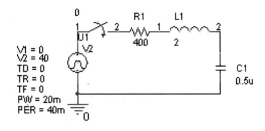

图 16-20　RLC 加脉冲电源

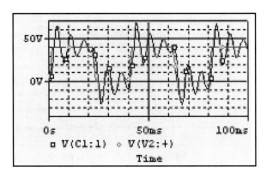

图 16-21　分析结果

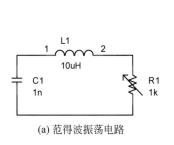

(a) 范得波振荡电路

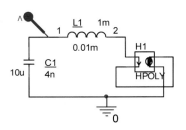

(b) 用受控源表示的非线性电阻

图 16-22　范得波振荡电路分析

其中，$\tau=\dfrac{1}{\sqrt{LC}}\xi=\sqrt{\dfrac{c}{L}}$。

将图 16-22(a) 的范得波振荡电路中的非线性电阻改用受控源表示，如图 16-22(b) 所示。

分析设置为. tran 0 50ms。分析相图时，X 轴为电容电压，Y 轴为电感中电流，在 plot 菜单下进行设置。分析结果如图 16-23 所示。

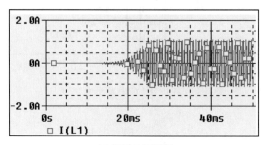

(a) 瞬态分析结果

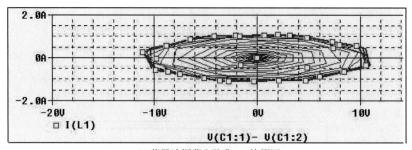

(b) 范得波振荡电路 $\xi=0.1$ 的相图

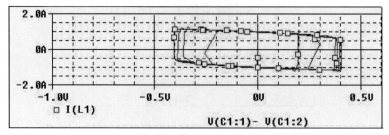

(c) 范得波振荡电路 $\xi=20$ 的相图

图 16-23　分析结果

第 17 章
CHAPTER 17

模拟电路分析

模拟电路在电路中占有重要地位,由于应用 CAD 技术能实现"更全面的分析或设计"[①],国内外教材已经是(或者将要是)将 CAD 技术作为重要分析方法列入各章。本章简要介绍如何应用 Cadence OrCAD EE(EDA)软件对模拟电路进行计算机分析与设计。

17.1 常用半导体器件

17.1.1 二极管(D)

例 17-1 测试整流二极管 V-I 特性(曲线)的模拟实验电路,如图 17-1 所示。

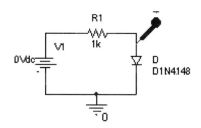

图 17-1 测试二极管 V-I 特性的模拟实验电路

图中,D1N4148 为硅质的整流二极管,整流电流为 1A,雪崩击穿电压为 100V,R1 为限流电阻。欲观察二极管 V-I 特性全貌,可在直流扫描控制设置:V1 从 −110V 起始(用户注意,实际测试是不可以用这样大的电压),终值为 10V,步长为 0.01V。由于二极管 V-I 特性曲线为 V(D)-I(D)关系曲线,为此,需用 Plot 下 Axis Settings 窗口中的 Axis Variable 键,将 X 轴变量 V(V1:1)改为 D 管正节点电压 V(D1:1)(或 D 管电压:V(D1:1)-V(D1:2)皆可)。二极管 V-I 特性曲线如图 17-2 所示。

为了解导通区(指正向特性曲线)、雪崩区(指反向特性曲线)情况,可将局部放大如图 17-3 和图17-4 所示。

图 17-3 所示为二极管导通区(也称工作区,因整流二极管是工作在此区)。Von 为开启电压也称门槛电压值。硅(Si)二极管约为 0.7V;锗(Ge)二极管约为 0.3V。从图 17-4 反向

---

① 康华光主编《电子技术基础》第四版序。

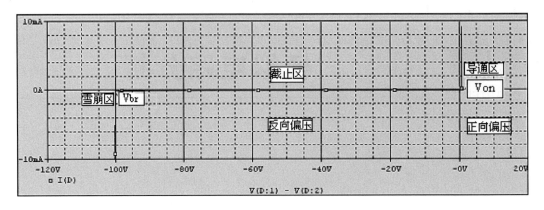

图 17-2　整流二极管 V-I 特性曲线

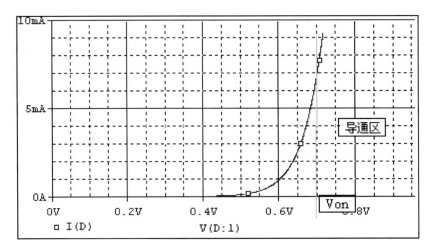

图 17-3　正向特性曲线(导通区)

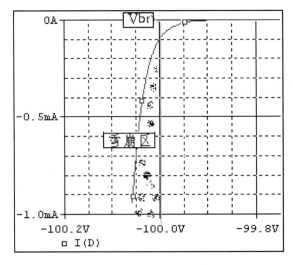

图 17-4　反向特性曲线(雪崩区)

特性曲线(雪崩区)可以看出反向击穿电压 V_{br} 约为 100V,此时,二极管将被击穿而毁坏。这在实际测试时要十分当心。

17.1.2 双极型晶体管(BJT)

例 17-2 由 BJT 组成的阻容耦合共射放大电路,如图 17-5 所示。试利用 Cadence OrCAD 软件分析其静态工作点(Q)的设置情况。

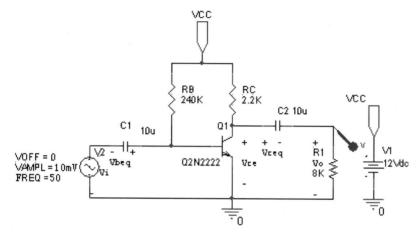

图 17-5 阻容耦合共射放大电路

加测试信号,多用正弦波(比如用小信号幅值 10mV 正弦波电压),所得结果比较理想如图 17-6 所示。讨论静态工作点(Q)不涉及动态输入,可将图 17-5 简化为如图 17-7 所示。

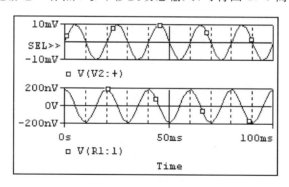

图 17-6 交流放大结果

1. Bias Point 法

静态工作点(Q)设置是否合适,看一下输出节点电压就有数了,确定 Q 点主要是看 Vceq、Icq 和 Ibq 三个值(此时,Vce=Vc)。Cadence OrCAD PSpice 中,设置有 .OP 的快捷键。只要运行 Bias Point 后,按下 V 键即可,如图 17-8 所示。当然也可按下 I 键,看电流值。

2. 图解法

图解法具有直观性亦是常用的分析方法,用图解法确定静态工作点(Q-point)很简单,就是求输出特性曲线与直流负载线的交点,即

输出特性方程：$i_C = f(v_{CE}) \mid_{i_B} = \text{const}$

直流负载 V-I 特性：$i_C = \dfrac{V_{CC} - v_{CE}}{R_C}$

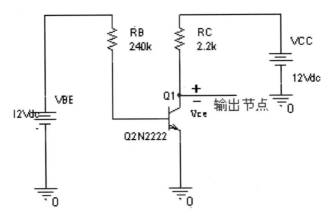

图 17-7　简化图

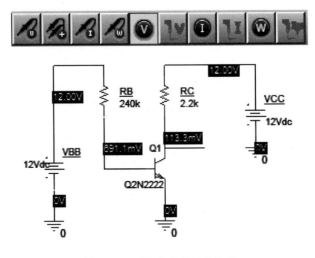

图 17-8　.OP 命令显示的结果

仍就上例(图 17-5)予以说明。先看看 IB、RC、VCC 对静态工作点(Q-point)的影响。

(1) IB 的大小对静态工作点(Q-point)的影响是，IB 增大，输出特性曲线升高，与直流负载线的交点 Q 亦上移，如图 17-9 所示。

(2) RC 的大小对静态工作点(Q-point)的影响是，当 VCC 不变，RC 增加其商 IC 变小，直流负载线平坦下来，如图 17-10 所示。

(3) VCC 的大小对 Q-point 的影响是，VCC 减小，直流负载曲线向下平移，如图 17-11 所示。

3. 对静态工作点的估算

静态工作点的表达式[1]为：

---

[1]　童诗白主编《模拟电子技术基础》。

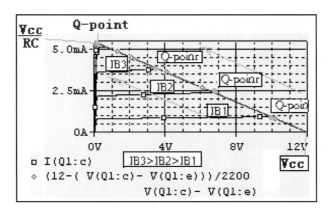

图 17-9   IB 的大小对 Q-point 的影响

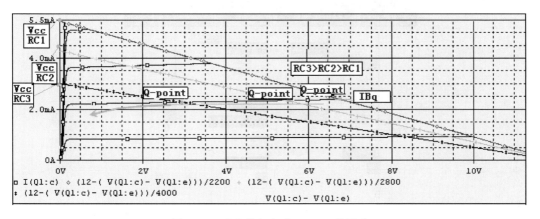

图 17-10   RC 的大小对 Q-point 的影响

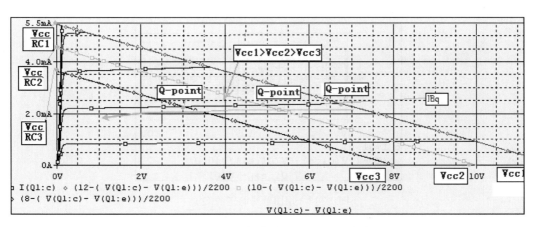

图 17-11   VCC 的大小对 Q-point 的影响

$$\begin{cases} I_{BQ} = \dfrac{V_{BB} - V_{BEQ}}{R_B} = \dfrac{12V - 0.7V}{240K\Omega} = 47.1\mu A \\[2mm] I_{CQ} = \beta I_{BQ} = (225)(47.1\mu A) = 10.5975mA \\[2mm] V_{CEQ} = V_{CC} - I_{CQ}R_C = 12 - (10.5975mA)(2.2K\Omega) = 11.76V \end{cases}$$

改变有关参数：$V_{CC}=20V$、$I_C=5mA$，依据上式，可对静态工作点进行估算，以便求出合适的 Q 点。

$$V_{CE} = V_{CC} = 20V \quad \text{at} \quad I_C = 0mA$$

$$I_C = \frac{V_{CC}}{R_C} \quad \text{at} \quad V_{CE} = 0V$$

$$\text{and} \quad R_C = \frac{V_{CC}}{I_C} = \frac{20V}{5mA} = 4k\Omega$$

$$I_B = \frac{V_{CC} - V_{BE}}{R_B} \quad \text{and} \quad R_B = \frac{V_{CC} - V_{BE}}{I_B} = \frac{20V - 0.7V}{25\mu A} = 772k\Omega$$

再画出电路图，做 Bias Point 分析即可，如图 17-12 所示。

我们用图解法的结果与之对照，如图 17-13 所示。

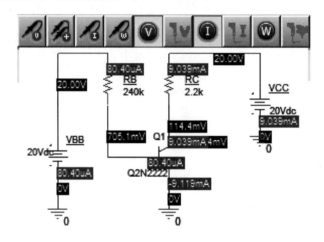

图 17-12　基本放大电路的 Q 值

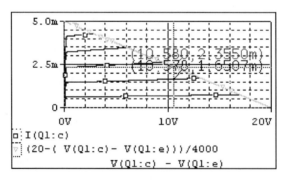

图 17-13　用图解法确定的 Q 点

17.1.3　场效应管（FET）

1. 结型场效应管（JFET）

例 17-3　由 JFET 组成的采用自给偏压的放大电路，如图 17-14 所示。

（1）求静态工作点 Q。可以进行估算，但比较麻烦，用 Bias Point 就要简明快捷得多，其分析结果如图 17-15 所示。

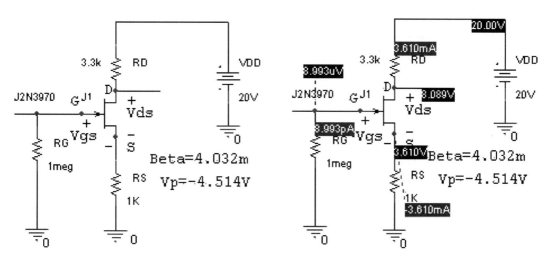

图 17-14 由 JFET 组成的采用自给偏压的放大电路　　　图 17-15 Bias Point 分析结果

（2）图解法。用图解法时，要在 G 极加以 DC 电压源，如图 17-16 所示。图中，VGG 的大小依 Vp 的数值而定。分析设置：DC sweep，变量为 VGG，初值为 −5V，终值为 0V，步长为 0.01V。图形显示如图 17-17 所示。

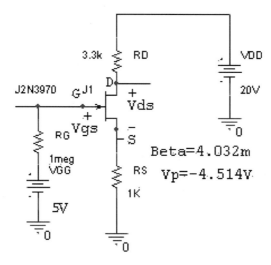

图 17-16 图解法

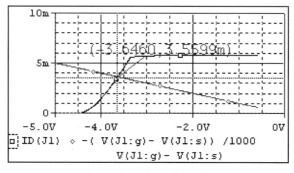

图 17-17 图解法分析结果

2. 绝缘栅型场效应管(MOSFET)

由于绝缘好、噪声小、对温度(性能)稳定、集成化工艺简单,是场效应管中后起之秀,现已广泛应用于大规模、超大规模集成电路中。种类繁多,模型亦趋于成熟。由于多用于集成电路,一般也放在数字电路中讨论。

例17-4 由N沟道MOSFET耗尽型组成的分压式偏置电路,如图17-18所示。

(1) Bias Point分析结果如图17-19所示。

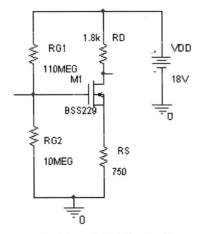
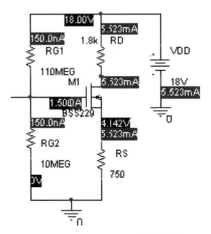

图 17-18 分压式偏置电路   图 17-19 Bias Point 分析结果

(2) 图解法结果如图17-20所示。

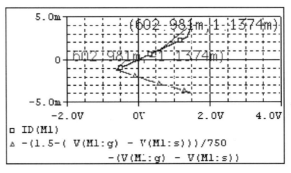

图 17-20 图解法

17.2 模拟电路分析例题

例17-5 由两射极输出器组成的乙类互补推挽功率放大器,如图17-21所示。利用Cadence OrCAD软件分析其输出、输入功率,效率及输出时晶体管管耗等工作特性。

(1) 输出功率Po:

$V_{o(P-P)} = 33.772V$,如图17-22所示。

最大输出功率(如图17-23所示):

$$P_{o(ac)} = \frac{V_{L(rms有效值)}^2}{R_L} = \frac{V_{L(P最大值)}^2}{2R_L} \simeq \frac{V_{L(P-P)}^2}{(8R_L)}$$

$$= (33.772V)^2/(8 \times 8\Omega) = 17.8W$$

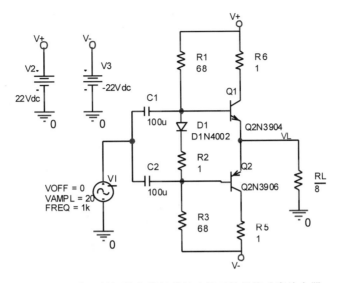

图 17-21 由两射极输出器组成的乙类互补推挽功率放大器

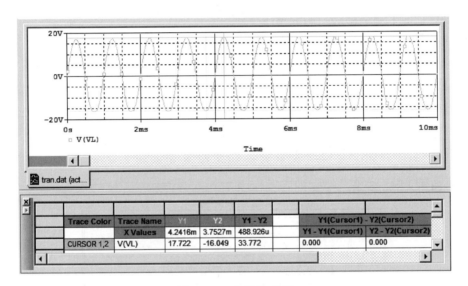

图 17-22 电压峰-峰值

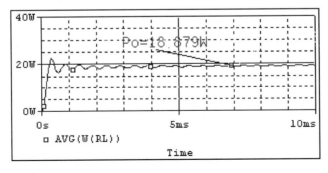

图 17-23 输出功率 Po

（2）输入功率 Pi：

$$P_{i(dc)} = V_{CC} I_{dc}$$

$$I_{dc} = \frac{2}{\pi} I(P)$$

$$P_{i(dc)} = V_{CC} \left[\frac{2}{\pi} I(P) \right]$$

$$= V_{CC} \left[\frac{2}{\pi} \left(\frac{V_{o(P-P)}}{2R_L} \right) \right] = (22V) \times \left[\frac{2}{\pi} \times \frac{33.758V}{2 \times 8} \right] = 29.565W$$

输入功率如图 17-24 所示。

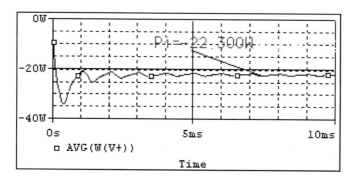

图 17-24　输入功率

（3）效率：

$$\%\eta = \frac{P_{o(ac)}}{P_{i(dc)}} \times 100\% = \frac{V_L(P)^2/(2R_L)}{V_{CC}[(2/\pi)I(P)]} \times 100\% = \frac{\pi}{4} \frac{V_L(P)}{V_{CC}} \times 100\%$$

$$= 0.785 \times \frac{17.718V}{22V} \times 100\% = 63.22\%$$

效率如图 17-25 所示。

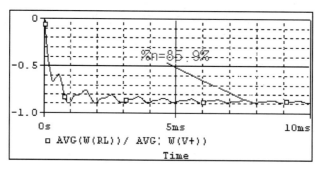

图 17-25　效率

（4）输出时晶体管的管耗：

$$P_{2Q} = P_{i(dc)} - P_{o(ac)}$$

$$P_Q = \frac{P_{2Q}}{2} = 5.8W > 0.2P_o$$

每只 BJT 的最大容许管耗必须大于 $0.2P_o$，安全工作电压 $> 2V_{CC}$，电流 $> V_{CC}/R_L$。

例 17-6　常用的单管放大电路如图 17-26 所示，试判断反馈组态计算有关反馈量。

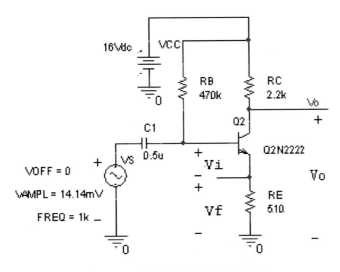

图 17-26　单管放大电路的反馈组态

图中外加输入信号 VS，极大值为 14.14mV，经过 Q2 反向电流放大 IC(q2)，由集电极输出，它取样对象是 Io，取样信号为输出电流 Io，反馈信号为 Vf＝βIo，是 Io 的一部分称为电流反馈，Vf 与 VS 比较为电压串联，且有 Vi＝VS－Vf 故是负反馈，综合上述该电路是电压串联负反馈电路。其瞬态波形、β 波形和 A_{vf} 波形如图 17-27 所示。图中，RMS( )命令为取有效值。

图 17-27 中，瞬态波形为反向、放大，$\beta=\dfrac{V_f}{I_o}=R_E=510\Omega$，$A_{vf}=\dfrac{V_O}{V_S}=55.756\text{V}$。

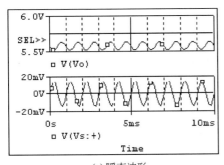

(a) 瞬态波形

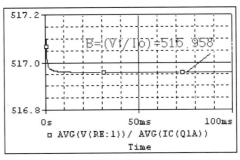

(b) β 波形

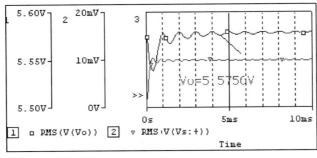

(c) A_{vf} 波形

图 17-27　反馈图形

例 17-7 考比兹—电容反馈型三点式振荡器电路，如图 17-28 所示。求其输出波形。

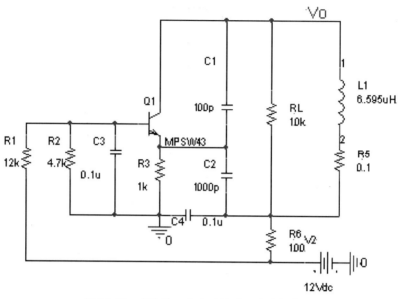

图 17-28 考比兹—电容反馈型三点式振荡器

  LC 三点式振荡器是电子系统中应用最为广泛的一种振荡器。考比兹—电容反馈型三点式振荡器的特点是有较好的输出波形。由于它是用电容电路实现反馈的，可以减弱由非线性产生的高次谐波的反馈，输出中谐波分量较小。图 17-28 中，L1、C1、C2 组成振荡回路，反馈信号由 C2 两端取出后，反馈到晶体管的输入端。RL 为负载电阻，R5 为电感线圈的等效电阻。R6 也可用电感线圈代替，以提高 Q 值。R1、R2、R3 为直流偏置电阻设置工作点用。C3、C4 为旁路电容，模拟电路中杂散寄生电容。该电路的振荡频率为

$$f_{\circ} = \frac{1}{2\pi\sqrt{LC_{\Sigma}}}, \quad C_{\Sigma} \approx \frac{1}{C_1} + \frac{1}{C_2}$$

计算得

$$f_{\circ} = \frac{1}{2\pi\sqrt{LC_{\Sigma}}} \approx 6.5\text{MHz}$$

$$T_{\text{O}} \approx 1.54 \times 10^{-7} \quad \text{S}$$

为促使起振，在 L1 中设 IC=0.01mA，晶体管的模型参数，如图 17-29 所示。

MPSW43
NPN

IS	1.500000E-15		CJC	1.000000E-12
BF	100		MJC	.4962
NF	1		TF	8.000000E-09
VAF	100		XTF	270
IKF	.1435		VTF	22
ISE	34.900000E-15		ITF	.9
NE	1.205		TR	8.000000E-09
BR	6.726		XTB	1.5
NR	1		CN	2.42
RB	10		D	.87
RC	7			
CJE	2.000000E-12			
MJE	.3536			

图 17-29 晶体管的模型参数

考比兹—电容反馈型三点式振荡器的振荡波形如图 17-30 所示。

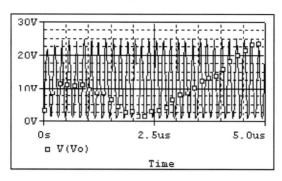

图 17-30 振荡波形

第 18 章

集成运算放大器

和数字电路分析

18.1　运算放大器(Op-Amp)

集成运算放大器(Op-Amp,简称运放)应用极为广泛。本章以实用运放电路为例,说明 Cadence OrCAD EE(EDA)软件分析方法的使用。

例 18-1　uA741 运放有多种用途应用很广,倒向比例器就是其中之一,如图 18-1 所示。用 OrCAD 分析时,可以设置 DC Sweep,V1 从 0～2V 变化,增量为 0.1V,结果如图 18-2 所示。

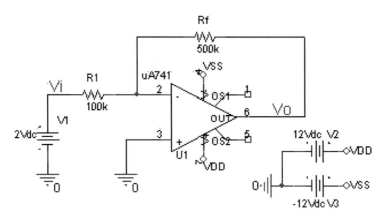

图 18-1　倒向比例器

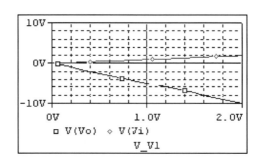

图 18-2　分析结果

例 18-2　用 uA741 运放组成的非倒向比例器如图 18-3 所示。OrCAD 分析方法同上例,结果如图 18-4 所示。

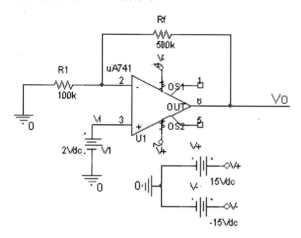

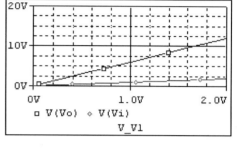

图 18-3　非倒向比例器　　　　　　图 18-4　非倒向比例器分析结果

例 18-3　用 uA741 运放组成的加法器如图 18-5 所示。

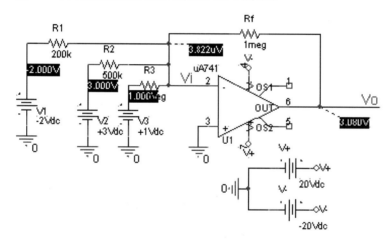

图 18-5　加法器

Cadence OrCAD 分析也用静态工作点分析,结果也如图 18-5 所示。请注意图中 V_i = 3.822uV,可以称为"虚地"。依图中数据可计算得

$$V_o = -\left(\frac{R_f}{R_1}V_1 + \frac{R_f}{R_2}V_2 + \frac{R_f}{R_3}V_3\right)$$

$$= -\left(\frac{10^6\,\Omega}{2\times10^5\,\Omega}\times(-2\text{V}) + \frac{10^6\,\Omega}{5\times10^5\,\Omega}\times(+3\text{V}) + \frac{10^6\,\Omega}{10^6\,\Omega}\times(+1\text{V})\right) = 3\text{V}$$

所得结果与 Cadence OrCAD 分析基本一致。

例 18-4　用 uA741 运放组成的积分器如图 18-6 所示。

由于 $v_o(t) = -\dfrac{1}{RC}\displaystyle\int v_1(t)\,\mathrm{d}t = -\dfrac{1}{(10\text{k}\Omega)(0.01\mu\text{F})}\displaystyle\int 2\,\mathrm{d}t = -10000\displaystyle\int 2\,\mathrm{d}t = -20000t$

OrCAD 分析结果如图 18-7 所示。

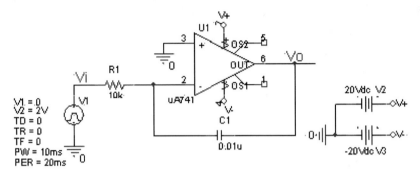

图 18-6　积分器

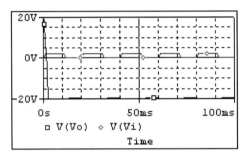

图 18-7　OrCAD 分析结果

图中，这个负电压降斜率是 -20000V/s，由于电压是由 $+20\text{V}$ 降至 -20V，因此，下降时间为 $40/20000 = 2\text{ms}$。

例 18-5　由放大器组成的低通有源滤波器，如图 18-8 所示。

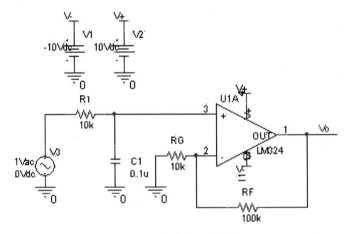

图 18-8　低通有源滤波器

依图示电路有

$$f_{\text{OH}} = \frac{1}{2\pi R_1 C_1} = \frac{1}{(2\pi \times 10\text{k}\Omega \times 0.1\mu\text{F})} = 159\text{Hz}$$

分析设置：AC Sweep，1Hz—10kHz，使用 Dec 对数坐标，间隔之间扫描点数为 10。其分析结果如图 18-9 所示。

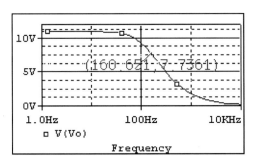

图 18-9 低通有源滤波器分析结果

图中，$f_{OH} = 160\text{Hz}$，分析结果与计算结果基本一致。

例 18-6 由放大器组成的高通有源滤波器，如图 18-10 所示。

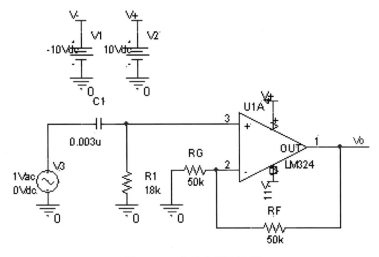

图 18-10 高通有源滤波器

依图所示数据可得

$$f_{OH} = \frac{1}{2\pi R_1 C_1} = \frac{1}{(2\pi \times 18\text{k}\Omega \times 0.003\mu\text{F})} = 2.95\text{kHz}$$

分析设置：AC Sweep，10Hz—100kHz，使用 Dec 对数坐标，间隔之间扫描点数为 10。其分析结果如图 18-11 所示。

图中显示 $f_L = 3\text{kHz}$ 接近于精密计算，f_L 在 $2.9\text{kHz} \sim 3\text{kHz}$ 之间皆可认为是正确的答案。

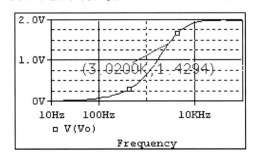

图 18-11 高通有源滤波器分析结果

例 18-7 由放大器组成的带通滤波器,如图 18-12 所示。

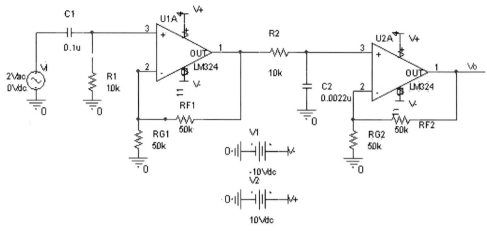

图 18-12 带通滤波器

依图给出的数据可得

$$f_{OL} = \frac{1}{(2\pi R_1 C_1)} = \frac{1}{(2\pi \times 10\mathrm{k}\Omega \times 0.1\mu F)} = 159\,\mathrm{Hz}$$

$$f_{OH} = \frac{1}{(2\pi R_2 C_2)} = \frac{1}{(2\pi \times 10\mathrm{k}\Omega \times 0.002\mu F)} = 7.96\,\mathrm{kHz}$$

分析设置:AC Sweep,10Hz—1MegHz,使用 Dec 对数坐标,扫描间隔之间的点数为 10。其分析结果如图 18-13 所示。

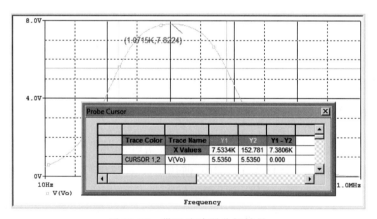

图 18-13 带通滤波器分析结果

从图 18-13 看出低频截止频率 $f_{OL} = 152.781\mathrm{Hz}$,高频截止频率 $f_{OH} = 7.5334\mathrm{kHz}$,接近计算值。

18.2 逻辑电路分析

例 18-8 由 4 个 J-K 触发器组成的模为 16 的二进制计数器,如图 18-14 所示。

其中信号源均为时钟信号,参数设置如图 18-14 所示。瞬态分析参数设置:初值 0s,终值 40us,步长 1us,输出波形如图 18-15 所示。

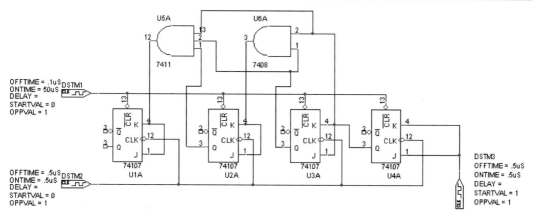

图 18-14　模为 16 的二进制计数器

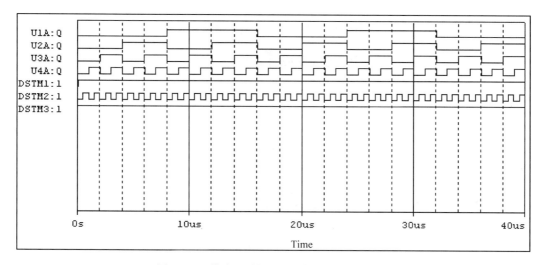

图 18-15　模为 16 的二进制计数器的输出波形

例 18-9　由 74LS194 构成的移位寄存器型计数器,信号源频率为 10kHz,电路如图 18-16 所示。

瞬态分析参数设置:初值 0s,终值 5ms,输出波形如图 18-17 所示。

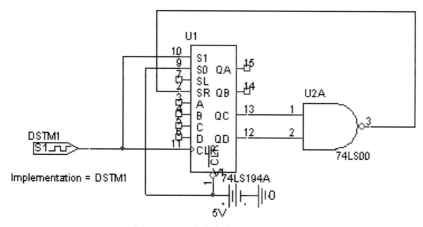

图 18-16　移位寄存器型计数器

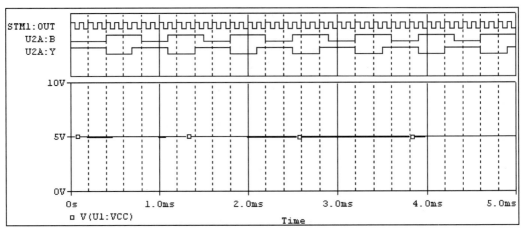

图 18-17　移位寄存器型计数器输出波形

例 18-10　由 3 个非门和 8 个与门构成的 3-8 线译码器，如图 18-18 所示。

3-to-8 Line Decoder

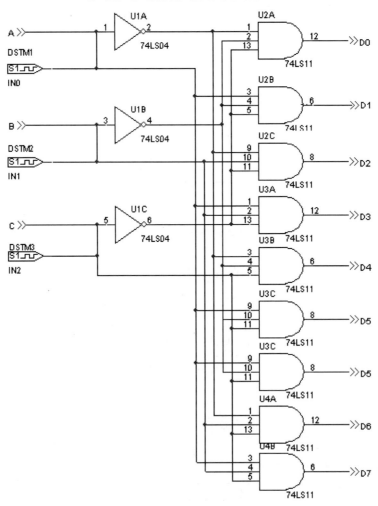

图 18-18　3-8 线译码器电路

图 18-18 中的数字信号设置,如图 18-19 所示。

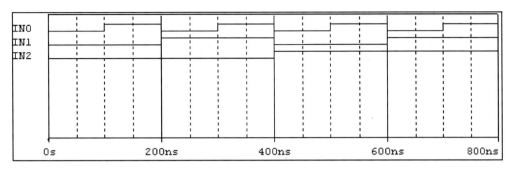

图 18-19 数字激励信号设置

瞬态分析参数设置:初值 0s,终值 800ns,输出波形如图 18-20 所示。

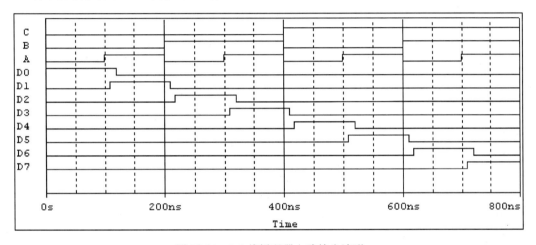

图 18-20 3-8 线译码器电路输出波形

Cadence OrCAD PSpice 提供的电路特性函数

电路特性函数	功 能 意 义
Bandwidth	计算波形带宽(用户选择带宽对应的分贝数)
Bandwidth_Bandpass_3dB	计算波形 3dB 带宽
Bandwidth_Bandpass_3dB_XRange	在指定的 X 范围内计算波形 3dB 带宽
CenterFrequency	计算波形中心频率(用户选择中心频率对应的分贝数)
CenterFrequency_XRange	在指定的 X 范围内计算波形中心频率(用户选择中心频率对应的分贝数)
ConversionGain	第一个波形的最大值与第二个波形的最大值之比
ConversionGain_XRange	在指定的 X 范围内计算第一个波形的最大值与第二个波形的最大值之比
Cutoff_Highpass_3dB	高通滤波器 3dB 截止频率
Cutoff_Highpass_3dB_XRange	在指定的 X 范围内计算高通滤波器 3dB 截止频率
Cutoff_Lowpass_3dB	低通滤波器 3dB 截止频率
Cutoff_Lowpass_3dB_XRange	在指定的 X 范围内计算低通滤波器 3dB 截止频率
DutyCycle	计算第一个脉冲、周期的 Duty cycle
DutyCycle_XRange	在指定的 X 范围内计算计算第一个脉冲、周期的 Duty cycle
Falltime_NoOvershoot	无过脉冲情况阶跃相应曲线的下降时间
Falltime_StepResponse	负向阶跃响应曲线的下降时间
Falltime_StepResponse_XRange	在指定的 X 范围内负向阶跃响应曲线的下降时间
GainMargin	在第一个 180 度相位时的增益容限(允许增益失真限度的 dB 形式)
Max	波形最大值
Max_XRange	在指定的 X 范围内计算波形最大值
Min	波形最小值
Min_XRange	在指定的 X 范围内计算波形最小值
NthPeak	波形的第 N 个峰值
Overshoot	阶跃响应曲线的过脉冲
Overshoot_XRange	在指定的 X 范围内阶跃响应曲线的过脉冲
Peak	波形的第 N 个峰值(与 NthPeak 功能相同)
Period	时域信号的周期
Period_XRange	在指定的 X 范围内时域信号的周期
PhaseMargin	计算相位容限(允许相位失真限度)
PowerDissipation_mW	最后一个周期中的总功耗(以 mW 为单位)

续表

电路特性函数	功 能 意 义
Pulsewidth	计算第一个脉冲的宽度
Pulsewidth_XRange	在指定的 X 范围内计算第一个脉冲的宽度
Q_Bandpass	计算带通响应曲线的 Q 值(中心频率与带宽之比,用户选择 Q 值对应的 dB 数)
Q_Bandpass_XRange	在指定的 X 范围内计算带通响应曲线的 Q 值(中心频率与带宽之比,用户选择 Q 值对应的 dB 数)
Risetime_NoOvershoot	无过脉冲情况阶跃响应曲线的上升时间
Risetime_StepResponse	阶跃响应曲线的上升时间
Risetime_StepResponse_XRange	在指定的 X 范围内计算阶跃响应曲线的上升时间
SettlingTime	在指定的带宽内计算从 X 到阶跃响应曲线的响应时间
SettlingTime_XRange	在指定带宽和 X 范围内计算从 X 到阶跃响应曲线的响应时间
SlewRate_Fall	负向阶跃响应曲线的响应速率
SlewRate_Fall_XRange	在指定的 X 范围内计算负向阶跃响应曲线的响应速率
SlewRate_Rise	正向阶跃响应曲线的响应速率
SlewRate_Rise_XRange	在指定的 X 范围内计算正向阶跃响应曲线的响应速率
Swing_XRange	在指定的 X 范围内计算波形的最大值和最小值之差
XatNthY	在指定的波形中,计算出与 X 轴相对应的若干 Y 轴的值
XatNthY_NegativeSlope	在指定的波形中,计算出与 X 轴相对应的若干 Y 轴的负向斜率值
XatNthY_PercentYRange	在指定的 Y 轴范围内(百分比形式)计算出与 X 轴相对应的若干 Y 轴的值,特殊情况下 $Y = Ymin + (Ymax-Ymin) * Y\_pct/100$
XatNthY_Positive Slope	在指定的波形中,计算出与 X 轴相对应的若干 Y 轴的正向斜率值
YatFirstX	计算指定 X 范围波形起点处的 Y 坐标值
YatLastX	计算指定 X 范围波形终点处的 Y 坐标值
YatX	波形上与指定 X 值相对应的 Y 值
YatX_PercentXRange	指定波形 X 轴范围内(百分比形式)的与 X 值相对应的 Y 值
ZeroCross	计算波形第一次与 Y 轴相交处的 X 坐标值
ZeroCross_XRange	在指定的 X 范围内计算波形第一次与 Y 轴相交处的 X 坐标值

附录 B

APPENDIX B

常用元器件及其参数

为方便读者使用 PSpice 软件,特列出一些常用的库中元器件和它们的简单参数供大家仿真选择。

B.1 常用电路、电子电路元器件

B.1.1 电阻、电容

1. 电阻器

（1）标称阻值系列

误差	±5%	±10%	±20%	±5%	±10%	±20%
电阻值	1.0	1.0	1.0	3.3	3.3	3.3
	1.1			3.6		
	1.2	1.2		3.9	3.9	
	1.3			4.3		
	1.5	1.5	1.5	4.7	4.7	4.7
	1.6			5.1		
	1.8	1.8		5.6	5.6	
	2.0			6.2		
	2.2	2.2	2.2	6.8	6.8	6.8
	2.4			7.5		
	2.7	2.7		8.2	8.2	
	3.0			9.1		

（2）1%误差电阻标称阻值

1.00	1.33	1.78	2.37	3.16	4.22	5.62	7.50
1.02	1.37	1.82	2.43	3.24	4.32	5.76	7.68
1.05	1.40	1.87	2.49	3.32	4.42	5.90	7.87
1.07	1.43	1.91	2.55	3.40	4.53	6.04	8.06
1.10	1.47	1.96	2.61	3.48	4.64	6.19	8.25
1.13	1.50	2.00	2.67	3.57	4.75	6.34	8.45

续表

1.15	1.54	2.05	2.74	3.65	4.87	6.49	8.66
1.18	1.58	2.10	2.80	3.74	4.99	6.65	8.87
1.21	1.62	2.15	2.87	3.83	5.11	6.81	9.09
1.24	1.65	2.21	2.94	3.92	5.23	6.98	9.31
1.27	1.69	2.26	3.01	4.02	5.36	7.15	9.53
1.30	1.74	2.32	3.09	4.12	5.49	7.32	9.76

　　电阻器的标称阻值符合上面两个表所列数值之一(或表中数值再乘以 10^n,其中 n 为正整数或负整数)。

2. 电容器

标称电容值

误差	±5%	±10%	±20%	±5%	±10%	±20%
电容值	1.0	1.0	1.0	3.3	3.3	3.3
	1.1			3.6		
	1.2	1.2		3.9	3.9	
	1.3			4.3		
	1.5	1.5	1.5	4.7	4.7	4.7
	1.6			5.1		
	1.8	1.8		5.6	5.6	
	2.0			6.2		
	2.2	2.2	2.2	6.8	6.8	6.8
	2.4			7.5		
	2.7	2.7		8.2	8.2	
	3.0			9.1		

　　电容器的标称值符合上表所列数值之一(或表中数值再乘以 10^n,其中 n 为正整数或负整数)。

B.1.2　二极管

1. 整流二极管

型　　号	反向耐压/V	整流电压/A	渡越时间/μs	类　　型
DIN3494	300	25.00	5.50	硅
DIN3495	400	25.00	5.50	硅
DIN3879	50	6.00	0.10	硅
DIN4001	50	1.00	3.50	硅
DIN4002	100	1.00	3.50	硅
DIN4003	200	1.00	3.50	硅
DIN4004	400	1.00	3.50	硅
DIN4005	600	1.00	3.50	硅
DIN4006	800	1.00	5.00	硅
DIN4007	1000	1.00	5.00	硅

2. 稳压二极管

型　号	稳压值/V	类　型
DIN746	3.3	Si Zener
DIN747	3.6	Si Zener
DIN748	3.9	Si Zener
DIN750	4.7	Si Zener
DIN751	5.1	Si Zener
DIN752	5.6	Si Zener
DIN753	6.2	Si Zener
DIN754	6.8	Si Zener
DIN755	7.5	Si Zener
DIN756	8.2	Si Zener
DIN961A	10	Si Zener

B.1.3　双极型晶体管

1. 双极性结型晶体管模型参数

参　数	单　位	默　认　值	意　义
Is	A	le-16	反向饱和电流
Eg	V	1.11	硅的带隙能量
Xti	V	3	饱和电流的温度指数
Bf	无	100	正向电流放大系数
Nf	1	1	正向电流发射系数
Vaf	V	inf	正向欧拉电压
Ikf	A	inf	正向 Beta 大电流时的滑动拐点
Ise	A	inf	B—E 极间的泄漏饱和电流
Ne	无	1.5	B—E 极间的泄漏发射系数
Br	1	1	理想反向电流放大系数
Nr	1	1	反向电流发射系数
Var	V	inf	反向欧拉电压
Ikr	A	inf	反向 Beta(r)大电流时的滑动拐点
Ise	A	0	B-C 间的泄漏饱和电流
Nc	无	2	B-C 间的泄漏发射系数
Rb	W	0	偏压时的基极电阻
Irb	A	inf	基极电阻下降到 Rbm 值一半时的电流
Rbm	W	Rb	最小基极电阻

2. 小信号双极性结型晶体管

型 号	Pcm/mW	Icm/mA	BVcb0/V	频率/MHz	国产型号
Q2N696	600	500	60	64	3DK4D
Q2N2222A	500	800	75	300	3DK3D
Q2N3576	360	−200	−20	400	3CG130A
Q2N3646	200	−200	−40	350	3CK3D
MPS6566	310	200	60	200	3DG130D

3. 功率双极性结型晶体管

型 号	Pcm/V	Icm/A	BVcb0/V	频率/MHz	国产型号
Q2N6487	30	15	70	5	3DK5A
Q2N6022	36	−4	−80	0.8	3CD6C
Q2N6102	75	16	40	70	3DD65C
Q2N6591	2	5	150	6	3DK204E
Q2N6542	100	5	650		3DK308C

B.1.4 结型场效应管

型 号	Vds/V	Id/mA	Ron/Ω	沟 道
J105	25	50	3	N-Channel
J109	25	600	12	N-Channel
J110	25	600	18	N-Channel
J174	45	20	35.3	P-Channel J-FET
J175	45	20	100	P-Channel J-FET
J176	45	20	200	P-Channel J-FET
J2N4221	30	15	300	N-Channel
J2N4222	30	15	300	N-Channel
J2N4391	40	120	30	N-Channel
J2N4858	40	40	60	N-Channel
J2N5457	25	10	60.0	N-Channel

B.1.5 功率 MOS 管

型 号	Vds/V	Id/A	Idm/A	Pd/V	Ron/Ω	gm/(1/mΩ)
IRF150	100	40	160	150	0.045	2700
IRF540	100	27	108	125	0.07	1275
IRF350	400	15	60	150	0.25	2900
IRF450	500	13	52	150	0.30	2600

B.1.6　运算放大器

类　　型	型　　号	说　　明
通用	uA741	内补偿、标准引腿
通用	LM185	单电源、标准引腿高精度
高精度	ICL7652/T1	CMOS 自稳零
高精度	OP07/LT	内补偿
低漂移	OP-37/LT	$0.6\mu V/℃$

B.1.7　单向晶闸管，双向晶闸管

1．单向晶闸管

型　　号	耐压/V	正向电流/A
2N1595	50	1
2N2578	400	20
2N3871	200	69
C232B	200	100

2．双向晶闸管

型　　号	耐压/V	正向电流/A
2N5444	200	56
2N5445	400	56
2N6146	400	21
MAC213-10	800	17

B.1.8　恒流二极管

型　　号	恒定电流/mA
dln5285	0.27
dln5312	3.9
j555	2
j557	4.5
cr330	3.3
cr530	5.3
crr4300	4.3

B.2　数字电路

为方便用户使用数字器件,先将常用数字器件的子电路名和节点顺序,节点名的意义分列如下:

(1) 门电路类

A,B,C,D,…,IN:表示输入节点。

Y,OUT:表示输出节点。

GBAR:三态使能控制端。

(2) 触发器类

xxxBAR:表示低电平有效。

CLK:时钟。

PREBAR:预置端(低电平有效)。

SET:置位端。

CLRBAR:清除端(低电平有效)。

REST:复位端。

Q,QBAR:输出端。

J,K,D,R,S:控制端。

BAR:相当于非号"—"。

B.2.1　74系列数字电路

下面内容按器件型号、节点顺序和器件中文译名的顺序排列。

7400 A B Y(四2输入与非门)

7402 A B Y(四2输入或非门)

7404 A Y(六反相器)

7408 A B Y(四2输入与门)

7410 A B C Y(三3输入与非门)

7413 A B C D Y(双3输入与非门)

7414 A Y(六输入反相器)(有斯密特触发器)

7420 A B C D Y(双4输入与非门)

7425 A B C D G Y(双4输入或非门)(有选通脉冲)

7426 A B Y(高压输出与非缓冲器)

7427 A B C Y(三3输入或非门)

7428 A B Y(四2输入或非缓冲器)

7430 A B C D E F G H Y(8输入与非门)

7432 A B Y(四2输入或非门)

74F36 A B Y(四2输入和或非门)

7437 A B Y(四2输入与非缓冲器)

7440 A B C D Y(双4输入与非缓冲器)

7442 A A B C D Y0 Y1 Y2 Y3 Y4 Y5 Y6 Y7 Y8 Y9(4 线—10 线译码器)

7445 A B C D OUT0 OUT1 OUT2 OUT3 OUT4 OUT5 OUT6 OUT7 OUT8 OUT9 (BCD 十进制译码器/驱动器)

7448 INA INB INC IND RBIBAR LTBAR BIBAR OUTA OUTB OUTC OUTD OUTE OUTF(BCD 七显示译码器/驱动器)

7450 IA IB IC ID X XBAR 1Y2A 2B 2C 2D 2Y(双 2 路 2 输入与或非门)

7451 A B C D Y(与或非门)

74H52 A B C D E F G H I X Y(可扩展 4 路 2-3-2-2 与或门)

7453 A B C D E F G H X XBAR Y(可扩展 4 路 2-2-2-2 与或门)

7460 A B C D X XBAR(双 4 输入与扩展器)

7470 CLK PREBAR CLRBAR J1 J2 JBAR K1 K2 KBAR 1 QBAR(有预置清除端的与门输入上升沿触发 JK 触发器)

7472 PREBAR CLRBAR CLK J1 J2 J3 K1 K2 K3 Q QBAR(有预置清除端的与门输入主从 JK 触发器)

7473 CLK CLRBAR J K Q QBAR(具有清除端的双 JK 触发器)

7474 1CLRBAR ID ICLK IPREBAR IQ IQBAR(有预置清除端的上升沿触发 D 触发器)

7475 ID 2D C 1Q 1QBAK 2Q 2QBAR(四位双稳态锁存器)

7476 CLK PREBAR CLRBAK J K Q QBAR(有预置清除端负沿触发的 JK 触发器)

7477 1D 2D C 1Q 2Q(四位双稳态锁存器)

7482 C0 A1 B1 A2 B.2 SUM1 SUM2 C2(两位全加器)

7483A C0 A1 A2 A3 A4 B1 B.2 B.2 B4 C4 SUW1 SUW2 SUW3 SUW4(快速进位四位全加器)

7485 A3 A2 A1 A0 B.2 B.2 B1 B0 AGBIN AEBIN ACBOUT AEBOUT ALBOUT (四位数值比较器)

7486 A B Y(四 2 输入异或门)

7490A R91 R92 CKA CKB R01 R02 QA QB QC QD(四位二进制计数器)

7491A CLK A B QH QHBAR(8 位移位寄存器)

7492 CKA CKB R01 R02 QA QB QC QD(12 分频计数器)

7493A CKA CKB R01 R02 QA QB QC QD(四位二进制计数器)

7494 CLK CLK SER PE1 1IA PIB PIC PID PE2 P2A P2B P2C P2D QD(四位移位寄存器)

7495A MODE CLK1 CLK2 SER A R C D QA QB QC QD(四位并行存取移位寄存器)

7496 CLK CLRBAR SEK PRE A B C D E QA QB QC QD QE(五位移位寄存器)

741001C 1D1 1D2 1D3 1D1 1Q1 1Q2 1Q2 1Q1(八位独立使能锁存起器)

74104 CLK PREBAR CLRBAR JK J1 J2 J3 K1 K2 K3 Q QBAR(与门输入主从 JK 触发器)

74105 CLK PREBAR CLKBAR JK J1 J2BAR J3 K1 K2BAR K3 Q QBAR(与门输入主从 JK 触发器)

74117 CP CDBAR J K Q QBAR（双 JK 触发器，有清除端）

74109 CLK PREBAR CLKBAR JK BAR Q QBAR（双正沿触发主从 JK 触发器有预置/清除端）

74110 CLK PREBAR CLRBAR J1 J2 J3 K1 K2 K3 Q QBAR（与门输入负沿触发 JK 触发器/有数据锁定）

74111 CLK PREBAR CLRBAR J K Q QBAR（双主从 JK 触发器/有数据锁定）

741201M IS1BAR IS2BAR IRBAR IC 1Y 1YBAR（双脉冲同步驱动器）

74123 CLRBAR A B Q QBAR（可再触发单稳触发器）

74128 A B Y（线驱动器）

74132 A B Y（四 2 输入与非门/有施密特触发功能）

74136 A B Y（四 2 输入异或门/OC 输出）

74145 A B C D Y1 Y1 Y2 Y3 Y4 Y5 Y6 Y7 Y8 Y9（BCD 码—十进制码译码驱动器）

74HC147 IN1 IN2 IN3 IN4 IN5 IN6 IN7 IN8 IN9 A B C D（10 线—4 线优先编码器）

74148 IN0 IN1 IN2 IN3 IN4 IN5 IN6 IN7 EI A0 A1 A2 GS E0（8—3 线优先译码器）

74150 GBAR A B C D E0 E1 E2 E3 E4 E5 E6 E7 E8 E9 E10 E11 E12 E13（数据选择器）

74151A GBAR A B C D0 D1 D2 D3 D4 D5 D6 D7 Y N（数据选择器）

74153 G1BAR G2BAR A B 1C0 1C1 1C2 1C3 2C0 2C1 2C2 2C3 Y1 Y2（双 4 选 1 数据选择器）

74154 G1BAR G2BAR A B C D Y0 Y1 Y2 Y3 Y4 Y5 Y6 Y7 Y8 Y9 Y10 Y11 Y12（4 线—16 线译码器）

74155 G1BAR G2BAR A B C1 C2BAR 1Y0 1Y1 1Y2 1Y3 2Y0 2Y1 2Y2 2Y3（双 2 线—4 线译码器）

74157 GBAR1A 1B 2A 2B 3A 3B 4A 4B SEL Y1 Y2 Y3 Y4（四 2 选 1 线选择器）

74ALS158 GBAR1A 1B 2A 2B 3A 3B 4A 4B SEL Y1 Y2 Y3 Y4（四 2 选 1 线选择器/反相输入）

74160 CLK ENP ENT CLRBAR LOADBAR A B C D QA QB QC QD RCO（同步 4 位计数器）

74164 CLRBAR CLK A B QA QB QC QD QE QF QG QH（8 位移位寄存器/并入串出）

74167 CLR STRB CLK ENIN SET9 B0 B1 B. 2 B. 2 UXICAS Y Z ENOUT（同步十进制数据分配器）

74AC169 CP U/DBAR CEPBAR CETBAR PEBAR P0 P1 P2 P3 Q0 Q1 Q2 Q3 TCBAR（同步四位加减计数器）

74174 CLRBAR CLK D1 D2 D3 D4 D5 D6 Q1 Q2 Q3 Q4 Q5 Q6（六 D 触发器/有清除端）

74178 SHIFT LOAD CLK SER A B C D QA QB QC QD（四位并行存取移位寄存器）

74181 A0BAR A1BAR A2BAR A3BAR B0BAR B1BAR B. 2BAR B. 2BAR S0 S1 S2 S3

N CN F0BAR F1BAR F2BAR B. 2BAR AEQUALB PBAR GBAR CN+4（算数逻辑单元/函数产生器）

74184 GBAR A B C D E Y1 Y2 Y3 Y4 Y5 Y6 Y7 Y8（BCD 二进制转换器）

74185A GBAR A B C D E Y1 Y2 Y3 Y4 Y5 Y6 Y7 Y8（二进制—BCD 转换器）

74190 CLK DUBAR CTENBAR LOADBAR A B C D RCOBAR MXMNOUT QA QB QC QD（同步加减计数器/有加减控制）

74248 A B C D RBIBAR LTBAR BIBAR/RBOBAR OUTA OUTB OUTC OUTD OUTE OUTF

OUTG（BCD 七段译码驱动器）

74249 A B C D RBIBAR LTBAR BIBAR/RBOBAR OUTA OUTB OUTC OUTD OUTE OUTF

OUTG（BCD 七段译码驱动器）

74279 1RBAR 1S1BAR 1S2BAR 2RBAR 2SBAR 1Q 2Q（四 R—S 锁存器）

B.2.2 4000 系列元件

CD4000A A B C D E F G H K L（双三输入或门加反相器）

CD4001A A B J（四 2 输入或非门）

CD4002A A B C D J（双 4 输入或非门）

CD4009UB A G（六缓冲/反相器）

CD4010B A G（六缓冲/反相器）

CD4011UB A B J（四 2 输入与非门）

CD4012UB A B C D J（双 4 输入与非门）

CD4013B SET RESET CLK D Q QBAR（双 D 触发器）

CD40178 CLK CLKIXIIBIT RESET 00 01 02 03 04 05 06 07 08 09 CARRYOUT（计数器/分频器）

CD4018B CLK PSENABLE RESET DATA JAN1 JAN2 JAN3 JAN3 JAN5 Q1BAR Q2BAR+ Q3BAR Q4BAR Q5BAR（N 进制计数器）

CD4019B KA KB A1 A2 A3 A4 B1 B. 2 B. 2 B4 D1 D2 D3 D4（四与或选择门）

CD4020B IXPUT RESET Q1 Q4 Q5 Q6 Q7 Q8 Q9 Q10 Q11 Q12 Q13 14（纹波进位计数器/分频器）

CD4022B CLK CLKINRIBIT RESET 00 01 02 03 04 05 06 07 CARRYOUT（计数/分频器）

CD4023UB A B C J（三 3 输入与非门）

CD4024B IXPUT RESET Q1 Q2 Q3 Q4 Q5 Q6 Q7（纹波进位二进制计数/分频器）

CD4025UB A B C J（三 2 输入或非门）

CD4027B SET RESET CLK J K Q QBAR（双 JK 主从触发器）

CD4028B A B C D 00 01 02 03 04 05 06 07 08 09（BCD—七段译码器）

CD4029B CLK UP/DOKX BINARY/DECADE CARRY—IKBAR PSENABLE JAM1 JAM2 JAM3+ JAM4 Q1 Q2 Q3 Q4 CARRY—OUTBAR（可预置数加减计数器）

CD4030B A B J（四异或门）

CD4040B INPUT RESET Q1 Q2 Q3 Q4 Q5 Q6 Q7 Q8 Q9 Q10 Q11 Q12（纹波进位计数/分频器）

CD4042B CLK POLARITY D1 D2 D3 D4 Q1 Q1BAR Q2 Q2BAR Q3 Q3BAK Q4 Q4BAR（四时钟 D 锁存器）

CD4044B S1 S2 S3 S4 R1 R2 R3 R4 EN Q1 Q2 Q3 Q4（三 3 态/S 锁存器）

CD4048B KA KB KC KD EXPAND A B C D E F G H J（多功能 8 输入可扩展门）

CD4049UB A G（六反相缓冲器）

CD4068B A B C D E F G H J K（8 输入与非/与门）

CD4069UB A G（六反相器）

CD4070B A B J（四异或门）

CD4071B A B J（四 2 输入或门）

CD4072B A B C D J（双 4 输入或门）

CD4073B A B C J（三 3 输入与门）

CD4076B CLK RESET G1 G2 D1 D2 D3 D4 M N Q1 Q2 Q3 Q4（四位 D 寄存器）

CD4077B A B J（四同或门）

CD4078B A B C D E F G H J K（八输入或非/或门）

CD4081B A B J（四 2 输入与门）

CD4082B A B C D J（双 4 输入与门）

CD4085B INHIBIT A B C D E（双 2—2 输入与或非门）

CD4093B A B J（四 2 输入与非施密特触发器）

CD4095B SET RESET CLK J1 J2 J3 K1 K2 K3 Q QBAR（门控 JK 主从触发器）

CD4098B RESET TR_POS TR_NEG Q QBAR（可重复触发单稳态触发器）

CD4503B DISABLEA DISABLEB D1 D2 D3 D4 D5 D6 Q1 Q2 Q3 Q4 Q5 Q6（六反相器）

CD4508B STROBE RESET D0 D1 D2 D3 OUTDISABLE Q0 Q1 Q2 Q3（双 4 位锁存器）

CD1512B D0 D1 D2 D3 D4 D5 D6 D7 A B C INHIBIT OUTDISABLE OUT（8 通道数据选择器）

CD4516B PS_EN RESET CLOCK UP/DOTN CINBAR P1 P2 P3 P4 COUTBAR Q1 Q2＋ Q3 Q4（可预置数二进制加减计数器）

CD4520B CLK RESET EN Q1 Q2 Q3 Q4（双 BCD 加法计数器）

CD4532B E1 D0 D1 D2 D3 D4 D5 D6 D7 Q0 Q1 Q2 GS E0（8 位优先译码器）

CD4538B RESET TR—POS TR—NEG Q QBAR（可重复触发单稳触发器）

CD4556B EBAR A B Q0BAR Q1BAR Q2BAR Q3BAR（双二进制 4 选 1 译码器）

CD40106B A G（六施密特触发器）

D40147B IN0 IN1 IN2 IN3 IN4 IN5 IN6 IN7 IN8 IN9 A B C D（10 线—4 线 BCD 优先译码器）

CD40174B CLRBAR CLK D1 D2 D3 D4 D5 D6 Q1 Q2 Q3 Q4 Q5 Q6（六 D 触发器）

CD40175B CLRBAR CLK D1 D2 D3 D4 Q1 Q1BAR Q2 Q2BAR Q3 Q3BAR Q4 Q4BAR（四 D 触发器）

参 考 文 献

[1] OrCAD Capture User Guide－Product Version 16.6,2012.12.

[2] Capture 16.6 新增功能和更新的内容,http://www.bjdihao.com.cn,2013.1.

[3] PSpice 16.6 新增功能和更新的内容,http://www.bjdihao.com.cn,2013.1.

[4] PSpice AA 16.6 新增功能和更新的内容,http://www.bjdihao.com.cn,2013.1.

[5] 刘明山.电子电路 CAD 与 OrCAD 技术.北京:机械工业出版社,2009.

[6] 童诗白,华成英.模拟电子技术基础.第三版.北京:高等教育出版社,2001.

[7] 康华光.电子技术基础 模拟部分.第四版.北京:高等教育出版社,2001.

[8] 王辅春.电子电路 CAD 与 OrCAD 教程.北京:机械工业出版社,2005.

[9] 王辅春,刘明山,迟海涛等.从实例中学习 OrCAD.北京:机械工业出版社,2006.

[10] PSpice Advanced Analysis User's Guide － Product Version 16.0,Cadence Design Systems,Inc.,
       2007.6.

[11] OrCAD Component Information System User's Guide － Product Version 16.0,Cadence Design
       Systems,Inc.,2007.6.

[12] Analog Simulation with Cadence PSpice manual－Version 16.0,Cadence Design Systems,Inc.,2007.6.